Encyclopedia of Weapons

武器大百科系列

枪械大百科

军情视点 编

U0400984

化学工业出版社
·北京·

本书精心选取了世界各国研制的三百余种枪械，涵盖了手枪、步枪、冲锋枪、霰弹枪、机枪等不同种类的枪械。每种枪械均以简洁精炼的文字介绍了研制历史、设计构造及作战性能等方面的知识。为了增强阅读趣味性，并加深青少年读者对枪械的认识，书中不仅有详细的数据表格，还配有“小知识”，使读者对枪械有更全面且细致的了解。

本书不仅是广大青少年朋友学习军事知识的不二选择，也是军事爱好者收藏的绝佳对象。

图书在版编目(CIP)数据

枪械大百科 / 军情视点编. —北京：化学工业出版社，2020.7（2024.6重印）
（武器大百科系列）
ISBN 978-7-122-36712-9

Ⅰ. ①枪… Ⅱ. ①军… Ⅲ. ①枪械-青少年读物
Ⅳ. ①E922.1-49

中国版本图书馆CIP数据核字（2020）第079582号

责任编辑：徐　娟　　　装帧设计：中海盛嘉
责任校对：刘　颖　　　封面设计：刘丽华

出版发行：化学工业出版社(北京市东城区青年湖南街13号　邮政编码100011)
印　　装：中煤（北京）印务有限公司
710mm×1000mm　1/12　印张18　字数 350千字　2024年6月北京第1版第7次印刷

购书咨询：010-64518888　　　售后服务：010-64518899
网　　址：http://www.cip.com.cn
凡购买本书，如有缺损质量问题，本社销售中心负责调换。

定　　价：88.00元　版权所有　违者必究

前 言

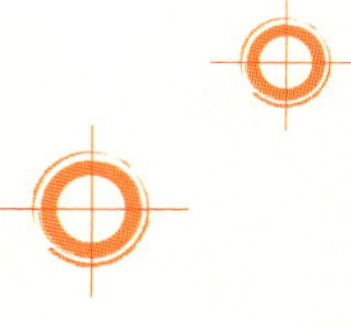

枪械发展的源头，始于火药的诞生，而从火药诞生到严格意义上的枪的雏形诞生，经历了至少六七个世纪。1835年，普鲁士人德里泽发明了击针式后装枪和定装式枪弹，使得枪械这一现代武器，不论是射击距离还是杀伤力都得到了质的飞跃。在19世纪末20世纪初，又出现了机枪，例如著名的加特林机枪。

在火药传入欧洲至近代，欧洲枪械发展迅速。欧洲本是众多民族、国家组成的地区，国家与国家之间在不停地发生规模不等的战争，这时候就需要先进的武器，才能在战争中占据有利地位，所以各国都在改进传统的火枪。可以说，枪械的发展很大因素是得益于战争。

在第一次世界大战中，参战各国积极开发各种半自动手枪、冲锋枪、半自动步枪、狙击步枪及机枪等，它们在战争中发挥了重要作用。期间也出现了许多经典枪械，如苏联莫辛－纳甘步枪、德国 Kar98k 步枪、美国 M1“加兰德”步枪等。及至第二次世界大战，各种枪械日益完善，还出现了新的枪种，如 1944 年出现在战场上的德国 StG44突击步枪，这是世界上第一种突击步枪，对世界各国枪械的研制产生了重大影响。

两次世界大战不断催化各类枪械的发展。时至今日，尽管各种高科技武器不断出现，但枪械仍然在现代军队中占据着重要位置。

本书精心选取了世界各国研制的三百余种枪械，涵盖了手枪、步枪、冲锋枪、霰弹枪、机枪等不同种类的枪械。每种枪械均以简洁精炼的文字介绍了研制历史、设计构造及作战性能等方面的知识。为了增强阅读趣味性，并加深青少年读者对枪械的认识，书中不仅配有详细的数据表格，还增加了小知识，使读者对枪械有更全面且细致的了解。

作为传播军事知识的科普读物，最重要的就是内容的准确性。本书的相关数据资料均来源于国外知名军事媒体和军工企业官方网站等权威途径，坚决杜绝抄袭拼凑和粗制滥造。在确保准确性的同时，我们还着力增加趣味性和观赏性，尽量做到将复杂的理论知识用简明的语言加以说明，并添加了大量精美的图片。因此，本书不仅是广大青少年朋友学习军事知识的不二选择，也是军事爱好者收藏的绝佳对象。

参加本书编写的有丁念阳、黄萍、黄成等。

由于时间仓促，加之军事资料来源的局限性，书中难免存在疏漏之处，敬请广大读者批评指正。

编者

2020年4月

目 录

Contents

第 3 章　步枪 ······ 83

第 5 章 霰弹枪 165

第 6 章 机枪 177

参考文献 208

枪械百科

枪械指利用火药燃气能量发射弹丸，口径小于20毫米（大于20毫米定义为火炮）的身管射击武器。枪械以发射枪弹，打击无防护或弱防护的有生目标为主，是步兵的主要武器，也是其他兵种的辅助武器。

枪械的由来

枪械自诞生以来已经走过了700多个春秋。据史料记载，公元1259年，中国就制成了以黑火药发射子窠（铁砂、碎瓷片、石子、火药等的混合物）的竹管突火枪，这是世界上最早的管形射击火器。随后，又发明了金属管形射击火器——火铳。火铳的出现，使热兵器的发展进入一个新的阶段。

▲ 火铳

火药技术和金属管形火器于13世纪开始传入欧洲，并在欧洲获得了快速发展。到15世纪时，西班牙人研制出了火绳枪。火绳枪从枪口装入黑火药和铅丸，点火机构是一个简单的呈C形的弯钩，其一端固定在枪托一侧，另一端夹着一根缓燃的火绳。由于火绳雨天容易熄火，夜间容易暴露，在16世纪后，意大利人又发明了燧发枪。最初的燧发枪是轮式燧发枪，用转轮同压在它上面的燧石摩擦点火，以后又出现了几种利用燧石与铁砧撞击点燃火药的撞击式燧发枪。同火绳枪相比，燧发枪具有射速快、口径小、枪身短、重量轻、后坐力小等特点，逐渐成为军队的主要武器。

▲ 燧发枪

1520年，德国铁匠戈特发明了直线式线膛枪，又称为来复枪。来复枪将膛线由直线形改为螺旋形，这样可使出膛的铅丸高速旋转，飞行更加稳定，从而提高了射击精度，增加了射程。1776年，英国人帕特里克·弗格森制造了新的来复枪，除在枪膛内刻上来复线外，又在枪上安装了调整距离和瞄准的标尺，从而提高了射击命中率。

19世纪初，人们发现了雷汞以及含雷汞击发火药的火帽。把火帽套在带火孔的击砧上，打击火帽即可引燃膛内的火药，这就是击发式枪机。1812年，法国出现了弹头、火药和纸弹壳组合一体的定装式枪弹，于是，人们开始从枪管尾部装填弹药。

1835年，普鲁士人德莱赛成功发明了后装式步枪，他把自己造的枪称为“针枪”。在使用时，射手用枪机从后面将子弹推入枪膛，在扣动扳机后枪机上的击针穿破纸弹壳并撞击底火，引燃发射药将弹丸击发。

1867年，德国研制成功了制造了世界上第一支使用金属外壳子弹的机柄式步枪。这种枪有螺旋膛线，使用定装式枪弹，操纵枪机机柄可实现开锁、退壳、装弹和闭锁。

19世纪末开始出现了自动枪械，并被应用到第一次世界大战（以下简称一战）之中。1884年，第一种现代意义上的自动枪械研制成功，这就是著名的马克沁重机枪。在索姆河战役中，德国使用马克沁重机枪对冲击德军阵地的英法联军扫射，使英军一天的伤亡就达到近6万人。马克沁重机枪一战成名，在此役之后各国军队纷纷开始装备，并被称为最具威慑力的陆战武器。于是自动枪械开始取代手动枪械，成为战场上崛起的新星。

▲ 马克沁重机枪

有了一战的前车之鉴，在第二次世界大战（以下简称二战）中参战各国都装备了大量的自动武器，主要为机枪、冲锋枪和半自动步枪。这一时期传统的拉栓式步枪的火力明显严重不足，逐渐被新发展出的半自动步枪和自动步枪所取代。在二战前期单兵火力较弱的情况下，手枪在夜战和近战中也有发挥着一定的作用。

▲ 二战中德国使用的StG44突击步枪

二战结束之后，枪械设计和制造工艺得到飞速发展。现代步枪以突击步枪、狙击步枪、自动步枪和卡宾枪为主，机枪以重机枪、轻机枪和通用机枪为主，而冲锋枪在军事上的用途已经逐渐被突击步枪和卡宾枪取代，目前主要装备特种部队和警察。

随着科学技术的发展，未来的枪械或许已经不再仅限于依靠火药产生杀伤力，激光和电磁或许会成为现代枪械的接班人。

▲ 美国海军陆战队士兵使用M9手枪进行射击练习

▲ 美军士兵使用M82狙击步枪完成考试科目

枪械的分类

枪械的种类划分，基本上是按照传统的标准来定夺，即按枪械的用途来划分，主要分为手枪、机枪、步枪、冲锋枪、霰弹枪等。

手枪

手枪（Handgun）是一种由单手握持的小型枪械，主要用于近战和自卫，发射威力较小的手枪弹，杀伤距离一般在50米左右。

现代手枪主要有左轮手枪、半自动手枪（实际是半自动手枪）、全自动手枪三种类型。左轮手枪是一种属手枪类的小型枪械，其转轮一般有5～6个弹巢，子弹安装在弹巢中，可以逐发射击。

半自动手枪又叫自动装填手枪，是通常意义上的自动手枪，区别于全自动手枪。它是指仅能自动装填弹药的单发手枪，即射手扣动一次扳机，只能发射一发枪弹。

全自动手枪是可以连发射击的手枪，即手指按着扳机，可以连续射击，直到弹仓里没子弹为止。

▲ 美国柯尔特M1911半自动手枪

机枪

机枪（Machine gun）是一种快速连续射击的全自动枪械，可分为轻机枪、重机枪以及通用机枪等。

轻机枪（Light machine gun）主要以两脚架为依托进行抵肩射击，具有重量轻、机动性强的特点，可为步兵提供500米范围的火力支援。

重机枪（Heavy machine gun）一般是指质量在25千克以上的机枪（含三脚架），拥有较好的远距离射击精度和火力持续性，能有效地歼灭或压制1000米内的敌方有生目标、火力点以及轻装甲目标，而且还具有一定的低空防空能力。

通用机枪（General purpose machine gun）是一种兼具重机枪和轻机枪特点的机枪，它不但拥有重机枪射程远、威力大、连续射击时间长的特点，又具备轻机枪携带方便、使用灵活的长处，是机枪家族中的后起之秀。

▲ 美国M2重机枪

» 步枪

步枪是单兵肩射的长管枪械，主要用于发射枪弹，杀伤暴露的有生目标，有效射程一般为400米。步枪也可用刺刀、枪托格斗，有的还可发射枪榴弹，具有点面杀伤和反装甲能力。传统步枪已经被淘汰，现代步枪主要分为突击步枪、狙击步枪以及卡宾枪。

突击步枪（Assault rifle）是一种能够能选择半自动和全自动射击模式的步枪，它专为战斗而设计，是现代士兵的标准武器。

狙击步枪（Sniper rifle）是一种远距离步枪，它通常附带有光学瞄准具，主要用于攻击远距离的高价值目标，通常为非自动和半自动。

▲ 美国M1“加兰德”半自动步枪

冲锋枪

冲锋枪（Submachine gun）是一种发射手枪弹的短枪管轻型自动武器，有着短小轻便、火力凶猛、携弹量大的特点，是一种非常有效的冲击和反冲击武器。

冲锋枪使用的是手枪弹，相比装药量较大的步枪弹而言后坐力较小，但是这也造成了冲锋枪威力较小、有效射程较近的缺点。所以在突击步枪出现之后，冲锋枪已经逐渐被取代。

目前，除了微型冲锋枪和微声冲锋枪仍有一定的生命力之外，普通的冲锋枪已经逐渐被突击步枪所取代。

▲ 德国MP5冲锋枪

霰弹枪

霰弹枪（Shotgun）是一种没有膛线的发射霰弹的枪械，许多霰弹枪具有多种用途，不但能够发射霰弹，而且还能用来发射包括其他弹药，比如催泪弹、木棍弹等。霰弹枪的外形与半自动步枪相似，不过霰弹枪的枪管非常粗大，其口径通常可达18.2毫米，而且许多霰弹枪都没有可拆卸的弹匣。

▲ 美国雷明顿M870霰弹枪

手枪

手枪是一种单手握持瞄准射击或本能射击的短枪管武器，通常为指挥员及特种兵随身携带，用在50米近程内自卫和袭击敌人。目前国外装备的手枪，从口径上看，大多是9毫米的口径，少量的是7.65毫米、7.62毫米以及11.43毫米。今后手枪的发展趋势是质量轻、便于携带和操作、弹药不仅在50米内有致命效果还能对付穿防弹衣的对手。

美国M1900手枪

M1900是由美国著名枪械设计师约翰·勃朗宁研制的一种半自动手枪，由柯尔特公司负责生产。该枪是最早采用滑套式设计的手枪之一，发射0.38ACP口径手枪子弹。M1900最显著的一个特征就是它的瞄具保险，尽管被认为是一个不错的设计，却在使用过程中效果不佳，所以没有流行起来。

制造商：柯尔特公司

服役时间：1900~1902年

枪机种类：枪管后坐式

供弹方式：7发可拆式弹匣

基本参数	
口径	9毫米
全长	230毫米
空重	1000克
有效射程	25米
枪口初速	384米/秒

美国M1902手枪

M1902手枪由约翰·勃朗宁设计，发射0.38ACP口径手枪子弹。该枪是在M1900手枪的基础上改进而来，增加了当时独具一格的空仓挂机装置，加长并改进了握把，增加了保险带环，增大了弹容量。M1902手枪有两个不同版本，即军用版和运动版。

制造商：柯尔特公司

服役时间：1902~1928年

枪机种类：枪管后坐式

供弹方式：8发可拆式弹匣

基本参数	
口径	9毫米
全长	230毫米
空重	1010克
有效射程	40米
枪口初速	400米/秒

美国M1903手枪

制制造商：柯尔特公司

服役时间：1903~1927年

枪机种类：枪管后坐式

供弹方式：7发可拆式弹匣

M1903手枪由约翰·勃朗宁设计，发射0.38ACP口径手枪子弹。该枪是在M1902手枪运动版的基础上改进而来，但从外型上看，它更像后来的柯尔特M1911手枪。

基本参数	
口径	9毫米
全长	197毫米
空重	890克
有效射程	50米
枪口初速	400米/秒

美国M1905手枪

制造商：柯尔特公司

服役时间：1905~1911年

枪机种类：枪管后坐式

供弹方式：7发可拆式弹匣

M1905手枪是柯尔特公司所生产的第一种采用了0.45ACP口径、后坐式自动装填的单膛室手枪，基本上是M1902的枪管和膛室的放大版本，同时保留了其内部结构。此外，由于该枪的生产量较少且闭锁系统独特，因此在收藏界很受欢迎。

基本参数	
口径	11.43毫米
全长	230毫米
空重	1020克
有效射程	50米
枪口初速	360米/秒

美国M1908手枪

制造商：柯尔特公司

服役时间：1908~1948年

枪机种类：枪管后坐式

供弹方式：6发可拆式弹匣

M1908是约翰·勃朗宁设计的一种枪械，它于1908~1948年期间由柯尔特公司生产，并以隐蔽携带枪支的名义出售。由于枪身细小的缘故，它能够很容易地藏在西装的口袋里而不被发现。

基本参数	
口径	9毫米
全长	114.3毫米
空重	368.5克
有效射程	20米
枪口初速	200米/秒

美国 M1911手枪

M1911是自1911年起生产的0.45ACP口径半自动手枪，由约翰·勃朗宁设计，推出后立即成为美军的制式手枪并一直维持达74年（1911～1985年）。该手枪结构简单，零件数量较少，而且比较容易拆解，方便维护和保养。

制造商：柯尔特公司

服役时间：1911年至今

枪机种类： 枪管后坐式

供弹方式：8发可拆式弹匣

基本参数	
口径	11.43毫米
全长	210毫米
空重	1105克
有效射程	50米
枪口初速	251.46米/秒

小 知 识

M1911手枪曾经是美军在战场上常见的武器，经历了一战、二战、越南战争以及海湾战争等。在整个服役时期美国共生产了约270万把M1911及M1911A1（不包括盟国授权生产），是历来累积产量最多的半自动手枪。

美国 M1911A1手枪

制造商：柯尔特公司

服役时间：1927年至今

枪机种类：枪管后坐式

供弹方式：8发可拆式弹匣

相比起一战，美军在二战时对M1911A1手枪的需求量更大，当时的美国政府共购买了约190万把以装备所有美军部队，并增加了承包商来提高生产力。1945年二战结束后，美国政府停止订购新的M1911A1手枪，只是不断地翻新原有的手枪，而M1911A1手枪依旧是美国军人最喜爱的手枪之一。

基本参数	
口径	11.43毫米
全长	210毫米
空重	1105克
有效射程	50米
枪口初速	251.46米/秒

美国金柏特装型手枪

制造商：金柏公司

服役时间：1997年至今

枪机种类：枪管后坐式

供弹方式：7/8/10发可拆式弹匣

金柏特装型手枪是由总部位于美国纽约州扬克斯的金柏公司所研制、生产及销售的M1911半自动手枪的型号之一。该手枪是一把全尺寸型号的M1911手枪，装有127毫米枪管。底把和套筒都是由钢制造，还采用了单一的全尺寸型复进簧导杆，因此需要在套筒的前面留下多条锯齿状突起的防滑纹以加强其在强大压力下的抗变形力。

基本参数	
口径	11.43毫米
全长	220.98毫米
空重	1077.28克
有效射程	70米
枪口初速	252.98米/秒

美国金柏特装TLE Ⅱ型手枪

制造商：金柏公司

服役时间：1997年至今

枪机种类：枪管后坐式

供弹方式：7/8/10发可拆式弹匣

金柏特装TLE Ⅱ型是金柏特装型手枪的其中一种型号，其命名的“TLE”的意思是“战术执法型”。TLE Ⅱ型和特装型相近，除了套筒标记，是专门为洛杉矶警察局特警队使用而制作的特殊型号。其不同之处在于，它装有氚瓶光点式夜间机械瞄具和每英寸（1英寸=25.4毫米，下同）30条向前方向的金属线的格子式花纹。

基本参数	
口径	11.43毫米
全长	220.98毫米
空重	1077.28克
有效射程	70米
枪口初速	252.98米/秒

美国金柏勇士SOC型手枪

在2013年的美国著名枪展中，金柏公司推出了勇士SOC（Special Operations Capable，意为：特种作战能力）型手枪。该枪是以美国海军陆战队中央司令部分配给队员的专用手枪为蓝本，使用沙色套筒及橄榄色底把，将可拆卸式沙色型绯红轨迹Rail Master激光瞄准器作为预设瞄准具之一。

制造商：金柏公司

服役时间：1997年至今

枪机种类： 枪管后坐式

供弹方式：7/8/10发可拆式弹匣

基本参数	
口径	11.43毫米
全长	220.98毫米
空重	1077.28克
有效射程	70米
枪口初速	252.98米/秒

美国M45A1手枪

M45A1手枪是以M1911手枪为蓝本设计而成的，目前有政府型、指挥官型和轻型指挥官型三种型号。M45A1手枪采用单一的全尺寸型复进簧导杆，以及串联式复进簧组件，因此需要在套筒的前面留下多条锯齿状突起的防滑纹，以加强其在强大压力下的抗变形力。

制造商：柯尔特公司

服役时间：2010年至今

枪机种类：自由枪机

供弹方式：7/8发可拆式弹匣

基本参数	
口径	11.43毫米
全长	215.9毫米
空重	1034.76克
有效射程	50米
枪口初速	310米/秒

美国M51手枪

制造商：雷明顿武器公司

服役时间：1918～1927年

枪机种类：延迟闭锁

供弹方式：8发可拆式弹匣

M51手枪的布局与瓦尔特PPK手枪相似，采用了固定式枪管和围绕着枪管的复进簧。然而，其独特的特点是套筒中使用的延迟闭锁。因为后膛闭锁的关系，该手枪能够承受比一般反冲作用枪械更大的膛压，且尺寸和重量并不输给其他的锁定系统。

基本参数	
口径	7.65毫米
全长	168毫米
空重	600克
有效射程	50米
枪口初速	270米/秒

美国M92手枪

制造商：伯莱塔公司

服役时间：1975年至今

枪机种类：枪管后坐式

供弹方式：20发可拆式弹匣

M92手枪是伯莱塔公司的代表作品，依其名称，大众常称其为伯莱塔手枪或伯莱塔92手枪。该枪属于一种半自动手枪，也可改造成全自动，使用闭锁枪机与枪管短行程后坐机构、单动/双动模式，使用的子弹是9×19毫米子弹。

基本参数	
口径	9毫米
全长	217毫米
空重	950克
有效射程	50米
枪口初速	381米/秒

美国M92S手枪

制造商：伯莱塔公司

服役时间：1978~1982年

枪机种类：枪管后坐式

供弹方式：20发可拆式弹匣

为了满足某些执法机构的要求，伯莱塔公司修改了M92手枪，增加了滑动安装的组合式安全和脱扣杠杆，取代了框架安装的手动拇指安全。因此导致M92S手枪被一些意大利执法和军事部门采用。按照欧洲的惯例，弹匣释放按钮位于手柄的底部。

基本参数	
口径	9毫米
全长	211毫米
空重	970克
有效射程	50米
枪口初速	381米/秒

美国M9手枪

M9手枪是由伯莱塔92FS手枪发展而来的，在几次改进后，最终于1990年被美军采用，并作为制式武器。M9手枪维修性好、故障率低，据试验，该枪在风沙、尘土、泥浆及水中等恶劣战斗条件下适应性强。至今M9手枪依旧是美军的主要制式手枪，并且在短时间内不会被取而代之。

制造商：伯莱塔公司

服役时间：1990年至今

枪机种类：枪管后坐式

供弹方式：15发可拆式弹匣

基本参数	
口径	9毫米
全长	217毫米
空重	969克
有效射程	50米
枪口初速	381米/秒

小知识

目前的美国海岸防卫队以0.40英寸S&W的SIG P229手枪作为主要的防护用途武器，但小量M9手枪仍装备后备部队，但空军警卫队依旧以M9手枪作为主要防护武器。

美国M9A1手枪

2003年，美国军方推出M9手枪的改进型，名为M9A1，主要加入了皮卡汀尼导轨以对应战术灯、激光指示器及其他附件。M9A1手枪也配发物理气相沉积胶面弹匣来提供可靠性，以便在阿富汗和伊拉克等的沙漠地区顺利运作。

制造商：伯莱塔公司

服役时间：2003年至今

枪机种类：枪管后坐式

供弹方式：15发可拆式弹匣

基本参数	
口径	9毫米
全长	217毫米
空重	969克
有效射程	50米
枪口初速	381米/秒

美国M9A3手枪

2014年12月，伯莱塔公司公开了最新改进型M9A3手枪以希望向美军提供一个节省成本的方案以取代他们的旧版M9手枪。其改进之处包括：改用了较薄的手枪握把，并新增了一个可拆卸的环绕式模组化握把、皮卡汀尼导轨、可拆卸式氚光前后照准器、一根延长并刻有螺纹的枪管以方便装上抑制器，弹匣容量增至17发，以及全枪改为泥色涂装等。

制造商：伯莱塔公司

服役时间：2014~2015年

枪机种类：枪管后坐式

供弹方式：17发可拆式弹匣

基本参数	
口径	9毫米
全长	217毫米
空重	969克
有效射程	50米
枪口初速	381米/秒

美国MEU（SOC）手枪

MEU（SOC）手枪是以军方原来发配给部队的柯尔特M1911A1政府型手枪作为基础，由位于美国弗吉尼亚州提科镇的美国海军陆战队精确武器工场的工人进行手工生产，但因为没有正式定型，所以这些改装好的手枪一律称为MEU（SOC）手枪。除此之外，MEU（SOC）手枪安装了一个由纤维材料制成的后坐缓冲器，可以降低后坐感，在速射时极为有利。

制造商：美国海军陆战队精确武器工场

服役时间：1985年至今

枪机种类：自由枪机

供弹方式：7发可拆式弹匣

基本参数	
口径	11.43毫米
全长	209.55毫米
空重	1105克
有效射程	70米
枪口初速	244米/秒

小 知 识

美国海军陆战队的队员在1989年入侵巴拿马、1992年的索马里战争、2001年的阿富汗战争、2003年的伊拉克战争中都使用的是MEU（SOC）手枪。

美国ASP手枪

ASP手枪结构紧凑，它能够方便地被隐蔽携带以及能够让使用者快速拔枪。该枪以史密斯-韦森M39手枪作为原型，并缩短了其枪管和滑套的长度以及重新设计了握把和扳机护圈，其握把护片也被改为半透明以方便射手快速检视残弹量。

制造商：武器系统和程序公司

服役时间：1970 ~ 1983年

枪机种类：枪管后坐式

供弹方式：7发可拆式弹匣

基本参数	
口径	9毫米
全长	173毫米
空重	680克
有效射程	50米
枪口初速	320米/秒

美国BFR手枪

BFR手枪是由马格南研究所设计、生产的单动操作左轮手枪，整体由不锈钢制成。该手枪有两种基本型号，主要区别在于弹巢长度，除了传统长度的左轮手枪弹巢外，还有一种用于发射大口径步枪弹的长弹巢。

制造商：马格南研究所

服役时间：1997年至今

枪机种类：单动操作

供弹方式：5发可拆式弹巢

基本参数	
口径	9毫米
全长	298毫米
空重	1633克
有效射程	50米
枪口初速	350米/秒

美国“蟒蛇”手枪

“蟒蛇”手枪是柯尔特公司设计生产的一款左轮手枪，具有精确的战斗型机械瞄具和顺畅的扳机。“蟒蛇”的声誉来自其准确性、顺畅而且很容易扣下的扳机和较紧密的弹仓闭锁。该手枪主要面向民间用户，美国执法机关也曾少量装备。

制造商：柯尔特公司

服役时间：1955～2005年

枪机种类：双/单动操作

供弹方式：6发可拆式弹巢

基本参数	
口径	9毫米
全长	217毫米
空重	952克
有效射程	50米
枪口初速	353.56米/秒

小知识

“蟒蛇”手枪不仅被历史学家威尔逊称为“柯尔特左轮手枪中的劳斯莱斯”，枪械历史学家伊恩·霍格也曾形容它是“世界上最佳的左轮手枪”。

美国“响尾蛇” 手枪

“响尾蛇”左轮手枪是由柯尔特公司研制的，其设计灵感来源于当时比较知名的“蟒蛇”手枪，因此该枪在外形上和“蟒蛇”手枪非常相似，两款手枪口径都是9毫米。除此之外，该枪还可发射5.6毫米子弹。

制造商：柯尔特公司

服役时间：1966～1988年

枪机种类：双动击发手枪

供弹方式：6发可拆式弹巢

基本参数	
口径	9毫米
全长	229毫米
空重	1190克
有效射程	50米
枪口初速	350米/秒

美国“巨蟒”手枪

“巨蟒”手枪是二战后柯尔特公司设计生产的一款双动式左轮手枪，因射击精确而出名。由于威力较大，该枪更适用于打猎及射击比赛。“巨蟒”手枪结构简单，安全可靠，可轻易排除不发弹。除了握把以外，全枪均采用不锈钢精细加工，表面抛光，握把材质分为橡胶和木头两种类型。

制造商：柯尔特公司

服役时间：1990~1999年

枪机种类：双动击发手枪

供弹方式：6发可拆式弹巢

基本参数	
口径	9毫米
全长	245毫米
空重	950克
有效射程	50米
枪口初速	330米/秒

美国M1917手枪

M1917手枪在1917年于一战期间被美国陆军所采用，以补充制式的M1911 0.45ACP半自动手枪的空缺。此后，它主要于二线和非部署的部队之中所使用。M1917具有两种版本，一个来自柯尔特公司，而另一个来自史密斯-韦森公司。

制造商：柯尔特公司

服役时间：1917年至今

枪机种类：双动操作

供弹方式：6发可拆式弹巢

基本参数	
口径	11.43毫米
全长	274.32毫米
空重	1133克
有效射程	50米
枪口初速	231.65米/秒

美国“骑兵”手枪

“骑兵”手枪由著名枪械设计师塞缪尔·柯尔特于1848年研制，其目的是为了取代问题较多的“沃克”左轮手枪。“骑兵”手枪是最早期的左轮手枪之一，该手枪在装弹之前，射手必须在弹巢内注入黑火药。

制造商：柯尔特公司

服役时间：1848～1860年

枪机种类：单动操作

供弹方式：6发可拆式弹巢

基本参数	
口径	11.43毫米
全长	375毫米
空重	1900克
有效射程	80米
枪口初速	259米/秒

美国“眼镜王蛇”手枪

1986年柯尔特公司以“骑兵”手枪为基础，推出了“眼镜王蛇”手枪。该手枪用途非常广泛，主要用于瞄准射击、自我防卫和狩猎，主要服务于执法机关和民间枪械爱好者。

制造商：柯尔特公司

服役时间：1986年至今

枪机种类：双/单动操作

供弹方式：6发可拆式弹巢

基本参数	
口径	9毫米
全长	191毫米
空重	1191克
有效射程	50米
枪口初速	430米/秒

小 知 识

与“蟒蛇”手枪相比，该枪使用了更现代化的材料，即使质量有所增加，但在可靠性和火力方面都得到了提升。

美国1851“海军”手枪

1851“海军”手枪是塞缪尔·柯尔特于1847~1850年间研制的一款火帽式点火单动式左轮手枪。该枪一直持续生产至1873年，并逐渐地被使用金属弹药的手枪所取代。与“骑兵”手枪相比，此枪显得比较轻巧。除了在美国生产外，该手枪也曾在英国伦敦生产，另外也曾出口到一些欧洲国家以及加拿大，并在一些战役中投入使用。

制造商：柯尔特公司

服役时间：1850 ~ 1878年

枪机种类：单动操作

供弹方式：6发可拆式弹巢

基本参数	
口径	9毫米
全长	330毫米
空重	1200克
有效射程	80米
枪口初速	256米/秒

美国SAA手枪

SAA手枪是柯尔特公司生产的一种单动式左轮手枪。它最初是为参加美军于1872年的左轮手枪招标而开发，并于1873~1892年间成为美国陆军骑兵的制式手枪。该枪是代表美国历史的一把重要枪支，并有着“一把平定西部的枪”的称号，更曾一度成为美国境内最流行的轻武器之一。

制造商：柯尔特公司

服役时间：1873 ~ 1892年

枪机种类：单动操作

供弹方式：6发可拆式弹巢

基本参数	
口径	9毫米
全长	279毫米
空重	1048克
有效射程	80米
枪口初速	280米/秒

美国“灰熊”手枪

制造商：L.A.R.公司

服役时间：1983～1999年

枪机种类：自由枪机

供弹方式：7发可拆式弹匣

“灰熊”手枪是由美国人派瑞·阿奈特在20世纪80年代初期设计的，后来他把生产和销售权卖给了L.A.R.公司。该手枪本质上是柯尔特M1911手枪的修改型，同时还有少许部件可以通用，但“灰熊”手枪的威力比其他口径的M1911手枪略大，而其他方面大致相同。

基本参数	
口径	9毫米
全长	260.35毫米
空重	1360克
有效射程	1000米
枪口初速	426米/秒

美国FP45“解放者”手枪

制造商：通用汽车公司

服役时间：1942～1945年

枪机种类：单发

供弹方式：1发可拆式弹巢

FP45“解放者”手枪事实上是美国战略情报局在二战中专供抵抗组织使用的一种简易枪支，仅提供给盟国的游击队用以偷袭敌军。即使该枪极为简陋，但却能够正常发射子弹，甚至在它的握把里还有一个存放子弹的弹仓。美中不足的是，该枪不仅枪管制造得十分粗糙，而且也没有膛线，所以精度非常差，再加上每次只能打一发，因此并不适合在作战时使用。

基本参数	
口径	11.43毫米
全长	141毫米
空重	454克
有效射程	7.3米
枪口初速	250米/秒

美国Bren Ten手枪

制造商：多诺斯和迪克逊企业公司

服役时间：1983～1986年

枪机种类：自由枪机

供弹方式：8/10/15发可拆式弹匣

Bren Ten手枪是在捷克斯洛伐克的CZ-75手枪的基础上改进而来的，包括采用不锈钢结构、便于快速瞄准的战斗瞄具以及其他的功能。但由于Bren Ten手枪是纯手工生产和装配的，因此产量十分低，当时的产量不足1500把。

基本参数	
口径	11.43毫米
全长	222毫米
空重	1100克
有效射程	40米
枪口初速	410米/秒

美国PMR-30手枪

PMR－30手枪是位于美国佛罗里达州的Kel－Tec数控工业公司研制及生产的全尺寸型半自动手枪，2011年对民用市场推出。该枪大量采用了聚合物制造，为了降低重量及节省成本，还使用钢制套筒和枪管以及铝合金制握把内部底把。

制造商：Kel-Tec数控工业公司

服役时间：2010年至今

枪机种类：纯双动操作

供弹方式：30发可拆式弹匣

基本参数	
口径	5.59毫米
全长	201毫米
空重	386克
有效射程	50米
枪口初速	375米/秒

小 知 识

PMR－30手枪发射0.22温彻斯特－马格南凸缘式弹型手枪子弹，并在2010年的SHOT Show（美国著名枪展）之中首次推出。

美国马格南V型手枪

马格南V型手枪是由哈利·桑福德设计，美国枪械制造商阿卡迪亚机器及工具公司生产的一款半自动手枪，发射12.7×33毫米手枪子弹，威力巨大。但该手枪发射弹药时，产生的巨大后坐力及枪口补偿装置所导致的刺耳噪音让人无法忍受。

制造商：阿卡迪亚机器及工具公司

服役时间：1993年至今

枪机种类：枪管后坐式

供弹方式：5/7发可拆式弹匣

基本参数	
口径	12.7毫米
全长	273毫米
空重	1310克
有效射程	50米
枪口初速	420米/秒

美国马格南Ⅱ型手枪

马格南Ⅱ型手枪是阿卡迪亚机器及工具公司研制和生产的一款半自动手枪。发射0.22英寸温彻斯特-马格南凸缘弹型子弹。同样发射这种马格南子弹的半自动手枪就只有格伦德尔P30手枪和Kel-Tec最新推出的PMR-30手枪。

制造商：阿卡迪亚机器及工具公司

服役时间：1987～1999年

枪机种类：枪管后坐式

供弹方式：10发可拆式弹匣

基本参数	
口径	5.59毫米
全长	235毫米
空重	901克
有效射程	50米
枪口初速	462米/秒

美国马格南Ⅲ型手枪

马格南Ⅲ型手枪严格而言并非发射马格南凸缘弹型子弹，而是发射原本来自二战时期M1卡宾枪所发射的0.30卡宾枪弹。马格南Ⅲ型手枪由不锈钢制造，以8发可拆式弹匣供弹。

制造商：阿卡迪亚机器及工具公司

服役时间：1992～2001年

枪机种类：枪管后坐式

供弹方式：8发可拆式弹匣

基本参数	
口径	9毫米
全长	273毫米
空重	1200克
有效射程	200米
枪口初速	520米/秒

美国马格南Ⅳ型手枪

马格南Ⅳ型手枪由哈利·桑福德设计，他也是最初的0.44自动马格南手枪的研发者。该枪曾在20世纪90年代后期停产，但2004年高标手枪制造公司决定再次生产。

制造商：阿卡迪亚机器及工具公司

服役时间：1990年至今

枪机种类：枪管后坐式

供弹方式：7/8发可拆式弹匣

基本参数	
口径	11.43毫米
全长	273毫米
空重	1300克
有效射程	50米
枪口初速	480米/秒

美国格林德尔P30手枪

格林德尔P30手枪是由乔治·凯格伦设计、格林德尔公司生产的一款半自动手枪，发射0.22英寸温彻斯特-马格南凸缘弹型子弹。格林德尔P30手枪采用了直接后坐作用的枪机，加上膛室内部的凹槽，因此大大减少了抽壳时弹壳和枪膛之间的摩擦力。

制造商：格林德尔公司

服役时间：1990～1994年

枪机种类：枪管后坐式

供弹方式：30发可拆式弹匣

基本参数	
口径	5.59毫米
全长	215.9毫米
空重	595.34克
有效射程	50米
枪口初速	560米/秒

小 知 识

格林德尔P30手枪也有着其卡宾枪版本，命名为R31。

美国史密斯-韦森M500手枪

M500手枪是史密斯-韦森公司研制生产的一款5发式左轮手枪，此外，制造商还宣称M500为“当今世界威力最大的批量生产左轮手枪”。该枪不仅用于军事用途，它和其他大口径枪械一样适用于射击运动或户外狩猎。

制造商：史密斯-韦森公司

服役时间：2003年至今

枪机种类：双动式

供弹方式：5发可拆式弹巢

基本参数	
口径	12.7毫米
全长	228.6毫米
空重	1550克
有效射程	50米
枪口初速	632米/秒

小 知 识

对于初学者，使用任何枪械时都应有教练陪同指导，但由于M500手枪后坐力极为巨大，因此初学者使用该枪时必须有教练特别看护才可。

美国史密斯-韦森M586手枪

制造商：史密斯-韦森公司

服役时间：1980～1990年

枪机种类：双动操作

供弹方式：6/7发可拆式弹巢

M586手枪是史密斯-韦森公司研制生产的一款7发式左轮手枪。该手枪使用的是瞄准风格的可调节式照门，并具有K型底把尺寸的握把，其目的是为了配合其直径更大的弹巢。

基本参数	
口径	9毫米
全长	234.9毫米
空重	1159克
有效射程	50米
枪口初速	370米/秒

美国史密斯-韦森3号手枪

制造商：史密斯-韦森公司

服役时间：1869～1915年

枪机种类：单动操作

供弹方式：6发可拆式弹巢

3号手枪是史密斯-韦森公司研制生产的一款中折式装填左轮手枪，也是美军历史上第一种使用金属壳弹药的制式手枪。该手枪采用单动式枪机，折开式装填设计。但美中不足的是，该手枪装填速度慢、结构复杂，且容易受到潮湿天气的影响。此外，3号手枪也曾被多个国家仿制，仿制过这种手枪的国家包括比利时、德国、俄国和西班牙。

基本参数	
口径	11.17毫米
全长	305毫米
空重	1300克
有效射程	50米
枪口初速	244米/秒

美国史密斯-韦森M1917手枪

制造商：史密斯-韦森公司

服役时间：1917年至今

枪机种类：双动操作

供弹方式：6发可拆式弹巢

史密斯-韦森M1917手枪基本上是该公司的第二把0.44英寸口径手动抛壳型左轮手枪，只是发射0.45ACP口径手枪子弹。该枪与柯尔特M1917手枪不同之处是，史密斯-韦森M1917手枪的弹巢内具有加工成针对弹头肩的机械加工，让壳头间隙与无缘底板式0.45ACP口径手枪子弹的弹壳口相吻合。

基本参数	
口径	11.43毫米
全长	274.32毫米
空重	1020克
有效射程	50米
枪口初速	231.65米/秒

美国史密斯-韦森1076式手枪

制造商：史密斯-韦森公司
服役时间：1986年至今
枪机种类：枪管短后坐式
供弹方式：9/11/15发可拆式弹匣

1076式手枪由史密斯-韦森公司研制，是一种威力较大、质量较轻的大口径手枪。该手枪采用的是史密斯-韦森公司传统的枪管短后坐式工作原理，枪体由不锈钢制成，握把较直。使用的弹药为10毫米减威力枪弹，其中弹匣有9发、11发、15发三种型号。

基本参数	
口径	10毫米
全长	197毫米
空重	1125克
有效射程	50米
枪口初速	600米/秒

美国史密斯-韦森M10手枪

制造商：史密斯-韦森公司
服役时间：1899年至今
枪机种类：双动操作
供弹方式：6发可拆式弹巢

M10手枪可以填装6发子弹，有效射程达30米。由于该枪结构简单、坚实耐用、使用灵活方便与价格便宜，因此目前多国警察及执法部门依旧在使用。

基本参数	
口径	9毫米
全长	254毫米
空重	907克
有效射程	30米
枪口初速	300米/秒

美国史密斯-韦森M13手枪

制造商：史密斯-韦森公司
服役时间：1974～1998年
枪机种类：双动操作
供弹方式：6发可拆式弹巢

M13手枪是史密斯-韦森公司专为军队和警队使用而研制及生产的6发式K型底把双动操作式左轮手枪。该手枪配备固定瞄准具，制有圆形握把和方形握把版本，采用烤蓝表面处理。

基本参数	
口径	9毫米
全长	210毫米
空重	864克
有效射程	50米
枪口初速	370米/秒

美国史密斯-韦森M15手枪

制造商：史密斯-韦森公司

服役时间：1949年至今

枪机种类：双动操作

供弹方式：6发可拆式弹巢

M15手枪是史密斯-韦森公司专为军队和警队使用而研制及生产的6发式K型底把双动操作式左轮手枪。该枪具备可调节的开放式瞄准具，并且装有101.6毫米枪管，不过在生产过程中的不同时间也提供了其他枪管选件，发射0.38英寸S&W特种弹口径手枪子弹。

基本参数	
口径	9毫米
全长	231毫米
空重	963克
有效射程	50米
枪口初速	340米/秒

美国史密斯-韦森M19手枪

制造商：史密斯-韦森公司

服役时间：1957～1999年

枪机种类：双动操作

供弹方式：6发可拆式弹巢

M19手枪是史密斯-韦森公司设计生产的一款左轮手枪，采用K型底把结构，具有烤蓝碳钢和镀镍钢两种表面处理，木制或橡胶两种战斗握把以及可调节的缺口式照门。

基本参数	
口径	9毫米
全长	190毫米
空重	864克
有效射程	50米
枪口初速	370米/秒

美国史密斯-韦森M22手枪

制造商：史密斯-韦森公司

服役时间：1950～2007年

枪机种类：双动式

供弹方式：6发可拆式弹巢

M22是史密斯-韦森公司研制及生产的6发式N型底把双动操作式左轮手枪，是美军一战期间制式的M1917左轮手枪的精致商业型版本，发射0.45ACP、0.45Auto Rim或0.45GAP这三种0.45英寸（11.43毫米）口径的手枪子弹。

基本参数	
口径	11.43毫米
全长	234毫米
空重	1043克
有效射程	50米
枪口初速	231.7米/秒

美国史密斯-韦森M625手枪

1988年，史密斯-韦森公司研制出M625左轮手枪，可用于自卫或射击比赛。该手枪采用重型枪管，自身质量较大，因此在射击时后坐力较为温和，不似其他0.45英寸口径手枪那样强烈，有利于提高射击精度，这也是M625这样大口径左轮手枪长盛不衰的重要原因。

制造商：史密斯-韦森公司

服役时间：1988年至今

枪机种类：双动式

供弹方式：6发可拆式弹巢

基本参数	
口径	11.43毫米
全长	267毫米
空重	1190克
有效射程	50米
枪口初速	243米/秒

美国史密斯-韦森M27手枪

M27手枪是史密斯-韦森公司于20世纪30年代设计生产的一款左轮手枪。该手枪不仅拥有优美的外形和精准的射击度，杀伤力也非常强大，各方面性能都力压同时期的其他左轮手枪。

制造商：史密斯-韦森公司

服役时间：1935年至今

枪机种类：双动式

供弹方式：6发可拆式弹巢

基本参数	
口径	9毫米
全长	235毫米
空重	1374克
有效射程	50米
枪口初速	370米/秒

美国史密斯-韦森M627手枪

20世纪90年代末史密斯-韦森公司推出了8发弹巢和不锈钢底把的M27手枪衍生型，即M627手枪。根据来自史密斯-韦森的M27手枪衍生型号名称编配手法，M627这个型号是在原来的M27手枪的型号名称前面增加一个6字，以表示这是原来的M27手枪设计的不锈钢底把版本，这点与史密斯-韦森M625手枪、M629手枪、M657手枪、M686手枪相同。

制造商：史密斯-韦森公司

服役时间：1990年至今

枪机种类：双动式

供弹方式：8发可拆式弹巢

基本参数	
口径	9毫米
全长	235毫米
空重	1374克
有效射程	50米
枪口初速	370米/秒

美国史密斯-韦森M327手枪

M327手枪是史密斯-韦森M27手枪的8发弹巢和钪合金底把版本，表面采用了哑光黑色。根据来自史密斯-韦森公司的衍生型号名称编配手法，M327这个型号是在原来的M27手枪的型号名称前面增加一个3字以表示这是原来的M27手枪设计的钪合金版本，这点与史密斯-韦森M325手枪、M329手枪、M357手枪、M310手枪、M386手枪相同。

制造商：史密斯-韦森公司

服役时间：1991年至今

枪机种类：双动式

供弹方式：8发可拆式弹巢

基本参数	
口径	9毫米
全长	235毫米
空重	1374克
有效射程	50米
枪口初速	370米/秒

美国史密斯-韦森M29手枪

M29手枪是史密斯-韦森公司研制的一款大口径左轮手枪，具有扳机轻、射击平滑的特点，该枪的射击精度和威力也十分突出。不仅如此，M29手枪在设计时就考虑到要将其用于猎杀黑熊和野猪等大型动物，因此其初速较大，威力极强。

制造商：史密斯-韦森公司

服役时间：1955年至今

枪机种类：双动式

供弹方式：6发可拆式弹巢

基本参数	
口径	10.9毫米
全长	353毫米
空重	1250克
有效射程	50米
枪口初速	450米/秒

小 知 识

M29手枪的生产质量优良，并且具有两种华丽的主要表面处理，分别是高级的抛光烤蓝表面处理和镀光亮镍表面处理。

美国史密斯-韦森M60手枪

制造商：史密斯-韦森公司

服役时间：1965年至今

枪机种类：双动操作

供弹方式：5发可拆式弹巢

M60手枪是史密斯-韦森公司于1965年推出的一款左轮手枪，具有体积小、重量轻、便于携带、抗锈蚀能力强等特点。该枪的结构设计和表面处理都做得十分完美，其旧式生产版本只配备固定机械瞄具，而现代化的生产版本通常有可调节式照门和前方固定机械瞄具两种。

基本参数	
口径	9毫米
全长	127毫米
空重	539克
有效射程	50米
枪口初速	325米/秒

美国史密斯-韦森M610手枪

制造商：史密斯-韦森公司

服役时间：1990年至今

枪机种类：双动操作

供弹方式：6发可拆式弹巢

M610手枪是由史密斯-韦森公司研制及生产的6发式N型底把双动操作式左轮手枪，发射火力强大的10毫米Auto或火力相对较弱的0.40英寸S&W这两种半自动手枪子弹。

基本参数	
口径	10毫米
全长	241毫米
空重	1204克
有效射程	50米
枪口初速	350米/秒

美国史密斯-韦森M66手枪

制造商：史密斯-韦森公司

服役时间：1970～2005年

枪机种类：双动操作

供弹方式：6发可拆式弹巢

M66手枪是史密斯-韦森公司于1970年研制的左轮手枪，由M19手枪改进而来。两者的不同之处是M66手枪使用不锈钢以及装上了平滑射靶式扳机，但M19和M66具有相同的扳机选择。

基本参数	
口径	9毫米
全长	190毫米
空重	864克
有效射程	50米
枪口初速	370米/秒

美国史密斯-韦森M327 TRR8手枪

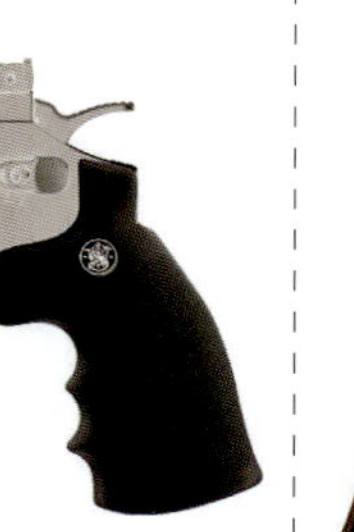

制造商：史密斯-韦森公司

服役时间：1998年至今

枪机种类：双动操作

供弹方式：8发可拆式弹巢

M327 TRR8手枪采用钪合金枪身，具有实心底把、可摆出式弹巢，既不会出现转轮座强度不足的问题，又实现高度轻量化，并且能够发射大威力的马格南子弹。其中枪管下方和转轮座顶部设有两条可拆卸式附件导轨，可以附加光学瞄准镜和激光瞄准器等，实现了左轮手枪战术化的理念。

基本参数	
口径	9毫米
全长	266.7毫米
空重	1000克
有效射程	50米
枪口初速	325米/秒

美国史密斯-韦森M329PD手枪

制造商：史密斯-韦森公司

服役时间：2000年至今

枪机种类：双动操作

供弹方式：8发可拆式弹匣

M329PD手枪是史密斯-韦森公司继M29左轮手枪之后新设计的一款左轮手枪，主要用于狩猎。手枪表面具有防眩光的亚光黑色外观，以及亚光灰色的弹巢。

基本参数	
口径	10.9毫米
全长	241毫米
空重	711克
有效射程	50米
枪口初速	448米/秒

美国史密斯-韦森M386PD手枪

制造商：史密斯-韦森公司

服役时间：2001～2005年

枪机种类：双动操作

供弹方式：7发可拆式弹匣

M386PD手枪是以史密斯-韦森M386手枪为蓝本研制及生产的7发式K／L型底把双动操作式狩猎用途左轮手枪。由于无外置式击锤，它以纯双动操作扳机进行射击。除了传统红色坡道型准星，它也可采用激光HI-VIZ红色光纤准星，搭配可调节的V型缺口式照门。

基本参数	
口径	9毫米
全长	190毫米
空重	496克
有效射程	50米
枪口初速	350米/秒

美国史密斯-韦森M39手枪

制造商：史密斯-韦森公司
服役时间：1949年至今
枪机种类：枪管后坐式
供弹方式：8发可拆式弹匣

M39手枪是第一种美国制并在当地市场销售的双动式半自动手枪。M39手枪最初使用阳极氧化的铝制枪身，弯曲的握把背护片，以及一个连接手动保险的钢制滑套。其握把护片均为木制品，弹匣释放钮位于扳机护圈后面，这些方面与当时美军使用的M1911手枪十分相似。

基本参数	
口径	9毫米
全长	192毫米
空重	780克
有效射程	50米
枪口初速	600米/秒

美国史密斯-韦森M57手枪

制造商：史密斯-韦森公司
服役时间：1964年至今
枪机种类：双动操作
供弹方式：6发可拆式弹巢

M57手枪是史密斯-韦森公司研制及生产的6发式N型底把双动操作式左轮手枪，最初被设计为执法机关的武器。该枪因其尺寸和后坐力，更受到民用射击和猎人的青睐。

基本参数	
口径	10.4毫米
全长	241毫米
空重	870克
有效射程	50米
枪口初速	350米/秒

美国史密斯-韦森M59手枪

制造商：史密斯-韦森公司
服役时间：1971～1988年
枪机种类：枪管后坐式
供弹方式：14发可拆式弹匣

M59手枪是在史密斯-韦森M39手枪的基础上改进而成的，发射9×19毫米口径手枪子弹。该手枪具有直形握把背护片、弹匣断路装置（除非弹匣到位，否则手枪无法开起火）以及装有手动保险的烤蓝碳钢套筒。

基本参数	
口径	9毫米
全长	191毫米
空重	850克
有效射程	50米
枪口初速	320米/秒

美国史密斯-韦森M459手枪

制造商：史密斯-韦森公司

服役时间：1984～1988年

枪机种类：枪管后坐式

供弹方式：15发可拆式弹匣

根据来自史密斯-韦森的衍生型号名称编配手法，M459这个型号是在原来的M59半自动手枪的型号名称前面增加一个数字4，以表示这是原来的M59半自动手枪设计的铝合金底把版本，并且采用了可调节式瞄准具和方格纹式尼龙制握把背护片以改进该手枪。

基本参数	
口径	9毫米
全长	191毫米
空重	850克
有效射程	50米
枪口初速	320米/秒

美国史密斯-韦森M460手枪

制造商：史密斯-韦森公司

服役时间：2005年至今

枪机种类：双动操作

供弹方式：5发可拆式弹巢

M460手枪的基本设计是以其他的X型底把左轮手枪为基础，它在2005年第一次亮相后就赢得了射击工业学院年度手枪优秀奖。不仅如此，史密斯-韦森公司还曾评价它是“当今世界初速最高的批量生产左轮手枪”。

基本参数	
口径	11.68毫米
全长	254毫米
空重	1686克
有效射程	50米
枪口初速	640米/秒

美国鲁格P85手枪

制造商：鲁格公司

服役时间：1987～1991年

枪机种类：枪管后坐式

供弹方式：15发可拆式弹匣

P85手枪是美国鲁格公司于1987年研制的，是一种可以双动击发的自动手枪，并配有一个较大的扳机护圈，能够适应射手戴着手套操作或双手操作。除此之外，P85全枪只有56个零件，并且没有复杂的零件，分解结合非常方便。

基本参数	
口径	9毫米
全长	198毫米
空重	907克
有效射程	50米
枪口初速	287米/秒

美国鲁格“阿拉斯加人”手枪

“阿拉斯加人”手枪是在2005年的美国手枪展会上推出的。该枪的设计理念是“世界上口径最大的短枪管左轮手枪”。该枪的枪管长度只有63毫米，如果从枪口正面观察该枪，可隐约看到大口径枪弹弹头，给人一种不寒而栗的感觉。

制造商：鲁格公司

服役时间：2005年至今

枪机种类：双动操作

供弹方式：6发可拆式弹巢

基本参数	
口径	11.17毫米
全长	190毫米
空重	1200克
有效射程	50米
枪口初速	427米/秒

美国卡利科M950手枪

卡利科M950手枪是美国卡利科枪械公司研制的一款半自动手枪。该枪最大的特点就是其高容量、圆柱形、螺旋供弹的弹筒、可伸缩的枪托和塑料枪身。

制造商：卡利科轻武器系统公司

服役时间：1990年至今

枪机种类：滚轮延迟反冲式枪机

供弹方式：50/100发可拆式弹筒

基本参数	
口径	9毫米
全长	355毫米
空重	1020克
有效射程	60米
枪口初速	393米/秒

德国鲁格P08手枪

P08手枪由乔治·鲁格在1899年根据博尔夏特手枪改进而来，1900年就被瑞士采用为制式手枪，是世界上第一把制式军用半自动手枪。该枪采用肘节式原理，类似人类的手肘，通过弯曲和拉直这一套动作，就实现了装填和击发。

制造商：德国武器及弹药兵工厂

服役时间：1908～1945年

枪机种类：枪管后坐式

供弹方式：8发可拆式弹匣

基本参数	
口径	9毫米
全长	222毫米
空重	850克
有效射程	50米
枪口初速	351米/秒

小 知 识

鲁格P08手枪停产以后，军队也不再装备，现在只有警察还在使用，但由于该枪的知名度较高，因此至今为止依旧是世界著名手枪之一。

德国瓦尔特PP手枪

制造商：瓦尔特公司

服役时间：1935年至今

枪机种类：单动/双动

供弹方式：8发可拆式弹匣

原始的PP手枪于1929年发布，它是为警察使用而设计的，并于20世纪30年代及以后在欧洲被警察部队使用。PP手枪的设计具有多种安全功能，还有一些创新，包括自动锤块、组合式安全、减振器和带负载的腔室指示器。

基本参数	
口径	9毫米
全长	170毫米
空重	665克
有效射程	30米
枪口初速	256米/秒

德国瓦尔特PPK手枪

制造商：瓦尔特公司

服役时间：1935年至今

枪机种类：单动/双动

供弹方式：7发可拆式弹匣

PP手枪最常见的变体是瓦尔特PPK手枪，它是PP手枪的较小版本，于1930年发布。该枪的握柄、枪管和框架较短，弹匣容量减小。一种新的两件式环绕式抓握面板结构用于隐藏裸露的背带。较小的尺寸使其比PP手枪更隐蔽，因此更适合便衣或卧底工作。

基本参数	
口径	9毫米
全长	155毫米
空重	590克
有效射程	30米
枪口初速	244米/秒

德国瓦尔特PPK-L手枪

制造商：瓦尔特公司

服役时间：1960年至今

枪机种类：单动/双动

供弹方式：8发可拆式弹匣

20世纪60年代，瓦尔特公司生产了PPK-L手枪。该枪是瓦尔特PPK手枪的轻量化衍生型，采用铝合金框架，重量大幅减轻，但也因此牺牲了耐久性， 所以只能发射0.22LR和0.32ACP两种手枪弹。

基本参数	
口径	7.65毫米
全长	155毫米
空重	480克
有效射程	30米
枪口初速	308米/秒

德国瓦尔特PPK/S手枪

制造商：瓦尔特公司
服役时间：1935年至今
枪机种类：单动/双动
供弹方式：10发可拆式弹匣

与PPK手枪相比，PPK/S手枪的重量有所增加，此外，还加入了更长的握柄，可以更好地保护射手免于被咬伤。例如，向后移动的滑块将腹板夹在击发手的食指和拇指之间，这对于手较大或握力不当的人而言，这样的设计可能有所欠缺，尤其是在使用“较热”的墨盒负载时。PPK/S手枪由不锈钢制成。

基本参数	
口径	7.65毫米
全长	156毫米
空重	630克
有效射程	30米
枪口初速	308米/秒

德国瓦尔特PP Super手枪

制造商：瓦尔特公司
服役时间：1972～1979年
枪机种类：双动式
供弹方式：10发可拆式弹匣

PP Super手枪于1972年首次投放市场，是全钢制PP手枪变体。它设计为警用手枪，是一种反冲操作的双动手枪。20世纪70年代，仅约2000支PP Super手枪被出售给德国警察部队，但由于销售不足，瓦尔特公司于1979年从其目录中撤出了PP Super手枪。

基本参数	
口径	9毫米
全长	176毫米
空重	780克
有效射程	30米
枪口初速	325米/秒

德国瓦尔特PPS手枪

制造商：瓦尔特公司
服役时间：2007年至今
枪机种类：枪管后坐式
供弹方式：6/7/8发可拆式弹匣

瓦尔特PPS手枪是为民间和便衣执法人员隐蔽携带而研制和生产的半自动手枪，发射9×19毫米手枪子弹。2007年，瓦尔特PPS手枪在国际武器展及户外经典展中首次展出。该枪是一把尺寸与瓦尔特PPK手枪相似的超薄的聚合物底把的武器。但与瓦尔特P99手枪相比，PPS像是一个“小兄弟”——小巧、超薄的特点一目了然，虽然小巧，但其适用范围特别广泛。

基本参数	
口径	9毫米
全长	160.5毫米
空重	550克
有效射程	50米
枪口初速	350米/秒

德国瓦尔特PPS-M2手枪

制造商：瓦尔特公司

服役时间：2016年至今

枪机种类：枪管后坐式

供弹方式：6/7/8发可拆式弹匣

PPS-M2手枪是2016年瓦尔特公司推出的PPS手枪的9×19毫米口径M2衍生型。PPS-M2手枪与瓦尔特PPQ-M2系列在人体工学设计方面有着相似之处。PPS-M2手枪设有拇指式弹匣释放按钮，前后两端都设有套筒锯齿状防滑纹和重新设计的握把。弹匣释放按钮可以反向安装，让左手使用者能够轻易使用。此外，PPS-M2手枪的弹匣与原来的PPS手枪弹匣是不兼容的。

基本参数	
口径	9毫米
全长	160.5毫米
空重	550克
有效射程	50米
枪口初速	350米/秒

德国瓦尔特PPX手枪

制造商：瓦尔特公司

服役时间：2013年至今

枪机种类：枪管后坐式

供弹方式：10发可拆式弹匣

PPX手枪是瓦尔特公司为民间射击、安全部队和执法机关取代过去的瓦尔特P99手枪而研制和生产的半自动手枪，发射9×19毫米手枪子弹。从整体外观上看，PPX手枪并没有击锤，这是因为PPX手枪的击锤被套筒后部包裹，只有从套筒后方才能看到击锤。这种设计有利于装在口袋中隐蔽携带且不必担心勾挂衣物等。

基本参数	
口径	9毫米
全长	186毫米
空重	765克
有效射程	50米
枪口初速	408米/秒

德国瓦尔特PK380手枪

制造商：瓦尔特公司

服役时间：2009年至今

枪机种类：枪管后坐式

供弹方式：8发可拆式弹匣

PK380手枪的外形尺寸并不小，全枪长与普通手枪的紧凑型相当。PK380手枪的外形依旧是“瓦尔特”风格，不过与P99手枪相比更为简洁大方，全枪呈现典雅的亚光黑色。除此之外，PK380手枪与P99手枪最大的不同之处是，前者采用击锤回转式击发，后者则是采用击针式击发。

基本参数	
口径	9毫米
全长	165毫米
空重	560克
有效射程	50米
枪口初速	408米/秒

德国瓦尔特P5手枪

制造商：瓦尔特公司
服役时间：1979年至今
枪机种类：自由枪机
供弹方式：8发可拆式弹匣

P5手枪是瓦尔特公司1979年为联邦德国军队、警察研制的安全型手枪。该手枪最独特的地方是退壳口与其他手枪相反，设于套筒左面。此外，P5手枪的外形尺寸和形状都非常适合手小的人使用，枪身侧面有拇指容易摸到的弹匣卡笋，套筒座用合金制成，外部抛光处理。击锤外形改成圆形，是为了避免使用时挂扯衣服。

基本参数	
口径	9毫米
全长	180毫米
空重	795克
有效射程	50米
枪口初速	350米/秒

德国瓦尔特P38手枪

制造商：瓦尔特公司
服役时间：1938年至今
枪机种类：枪管后坐式
供弹方式：8发可拆式弹匣

P38手枪是史上第一种采用闭锁式枪膛的手枪。射手能够预先在膛室内装入一发子弹，并以待击解脱杆把击锤退回到半待击状态。最初生产的P38手枪使用木制握把护片，而后来的版本则使用胶木护片。

基本参数	
口径	9毫米
全长	216毫米
空重	800克
有效射程	50米
枪口初速	365米/秒

德国瓦尔特P88手枪

制造商：瓦尔特公司
服役时间：1988～1996年
枪机种类：自由枪机
供弹方式：15发可拆式弹匣

P88手枪是一款全新设计的手枪，它舍弃了瓦尔特公司运用了长达50年的独特闭锁原理，换用勃朗宁的闭锁系统，这个经历了100年的闭锁系统依旧是设计主流。该枪的保险机构为击针保险式，击针通常与击锤打击面不对正，即使击锤偶然向前回转，也打不到击针，只有扣动扳机时，击针后端才抬起，对准击锤打击面。

基本参数	
口径	9毫米
全长	187毫米
空重	568克
有效射程	60米
枪口初速	300米/秒

德国瓦尔特P99手枪

P99手枪是由P88手枪改进而来的现代化警用及民用手枪，1994年开始设计，1997年正式推出。由于该枪采用了拉簧式发射机构，因此P99手枪的发射机构比压簧式发射机构更简单，使其在手枪界享有“安全手枪”的美誉。

制造商：瓦尔特公司

服役时间：1997年至今

枪机种类：自由枪机

供弹方式：10/16发可拆式弹匣

基本参数	
口径	9毫米
全长	180毫米
空重	710克
有效射程	50米
枪口初速	300~350米/秒

小 知 识

值得一提的是，P99手枪是瓦尔特公司第一支采用没有击锤的击针式击发机构的手枪，不仅蕴含了公司设计人员的许多创新性思维及先进技术，更是瓦尔特公司产品的里程碑。

德国瓦尔特P22手枪

P22手枪是以P99手枪为基础研制和生产的一款半自动手枪，是P99手枪发射0.22LR口径手枪子弹的版本。该手枪的外表与P99手枪非常相近，但体积却比原枪要小。并且改用0.22LR作为弹药，还可采用3.4英寸（86.36毫米）枪管或5英寸（121毫米）枪管。

制造商：瓦尔特公司

服役时间：2002年至今

枪机种类：自由枪机

供弹方式：10发可拆式弹匣

基本参数	
口径	5.59毫米
全长	159毫米
空重	430克
有效射程	50米
枪口初速	450米/秒

小知识

P22手枪小巧玲珑，手小的人非常容易操作，因该枪采用安全性极高的保险系统，因此即使是在弹膛内装有枪弹的情况下来携带，也没有任何危险。此外，P22手枪还是2007年弗吉尼亚理工大学射击时使用的武器之一。

德国瓦尔特PPQ手枪

PPQ手枪是瓦尔特公司研制的一款半自动手枪，不仅分解简单，且精准度较高，握把舒适，指向性好，对于手掌尺寸偏小的亚洲人也可以舒适地使用。该枪的底把由玻璃钢增强聚合物材料制造，套筒和其他部件为钢制，所有金属表面都经过镍铁表面处理。

制造商：瓦尔特公司

服役时间：2011年至今

枪机种类：自由枪机

供弹方式：10/15/17发可拆式弹匣

基本参数

口径	9毫米
全长	180毫米
空重	615克
有效射程	50米
枪口初速	408米/秒

小知识

PPQ手枪装有一根使用传统型阳膛和阴膛枪管，子弹通过这种枪管时十分稳定，不会“东倒西歪”。

德国瓦尔特PPQ战术海军型手枪

制造商：瓦尔特公司
服役时间：2011年至今
枪机种类：自由枪机
供弹方式：10发可拆式弹匣

PPQ战术海军型手枪是PPQ手枪的一款衍生型，其发射机制经过修改，能够在水中和靠近水的环境操作。击针通道以内有一个非标准孔，确保武器在完全被水淹没以下仍有足够能力排水。水压阻力则借由更强力的击针簧抵消。此外，特殊的导流板可以减少击针向前移动时的流体阻力。

基本参数	
口径	9毫米
全长	184毫米
空重	625克
有效射程	50米
枪口初速	408米/秒

德国瓦尔特PPQ战术海军消声型手枪

制造商：瓦尔特公司
服役时间：2011年至今
枪机种类：自由枪机
供弹方式：10发可拆式弹匣

PPQ战术海军消声型手枪是PPQ手枪的一款衍生型，具有一根连枪口螺纹的118毫米特殊长枪管用以安装消声器，其余与PPQ战术海军型相同。

基本参数	
口径	9毫米
全长	184毫米
空重	625克
有效射程	50米
枪口初速	408米/秒

德国瓦尔特PPQ-M2手枪

制造商：瓦尔特公司
服役时间：2013年至今
枪机种类：自由枪机
供弹方式：10/15/17发可拆式弹匣

PPQ-M2手枪是在2013年1月由新成立的瓦尔特武器公司推出的一款衍生型，具有与标准型PPQ手枪相同的特征，唯一例外的是原来与扳机护环底部融为一体，弹匣释放杆被位于扳机护圈后方底部的一个拇指释放按钮所取代。弹匣释放按钮能够反向安装，让左手使用者可以轻易使用。此外，该枪的弹匣与PPQ手枪的弹匣并不兼容。

基本参数	
口径	9毫米
全长	198毫米
空重	709克
有效射程	50米
枪口初速	344米/秒

德国瓦尔特PPQ-45手枪

2015年8月，瓦尔特公司宣布推出PPQ-M2手枪的0.45 ACP口径型，并且于同年10月正式向市面推出。该枪被放大以适应0.45ACP手枪子弹，因此造成手枪较重。较厚的和较长的套筒也稍微架高并超过枪膛至延长的多边形膛线枪管端部。

制造商：瓦尔特公司

服役时间：2015年至今

枪机种类：自由枪机

供弹方式：10/15/17发可拆式弹匣

基本参数	
口径	9毫米
全长	198毫米
空重	709克
有效射程	50米
枪口初速	344米/秒

德国瓦尔特CCP手枪

CCP手枪是适合隐藏时随身携带的半自动手枪，发射9×19毫米口径手枪子弹。CCP手枪借由气体延迟反冲枪机操作，利用从点燃子弹所产生的高压燃气的压力，将其引导至枪管前方的一个小孔，进入有活塞的小口径长圆筒，以减缓和延迟枪机的向后开放运作。这种设计与HK P7手枪的设计几乎完全相同。

制造商：瓦尔特公司

服役时间：2014年至今

枪机种类：气体延迟反冲枪机

供弹方式：8发可拆式弹匣

基本参数	
口径	9毫米
全长	163毫米
空重	633克
有效射程	50米
枪口初速	420米/秒

德国HK P7系列手枪

P7系列手枪是黑克勒-科赫公司（HK公司）根据警方需求设计的无击锤手枪，曾是德国警察和军队的制式武器，并为英国陆军特种空勤团、西班牙国民警卫队等单位采用。P7系列手枪的另一项特殊设计是它的握把保险，它没有单独的保险杆，也没有外露的击锤。握把保险位于扳机护圈的下方，使用时以中指、无名指的力量将其按下，之后保险带动保险锁向上抬起，击针被释放。除此之外，该枪还拥有空仓挂机功能，打完最后一发子弹后枪机套筒会停留在后方等待子弹上膛。握把保险也兼具空仓挂机解锁的功能，无论有没有装填子弹，按下保险后套筒便会复原。该枪左右对称，可以供双手使用。

制造商：HK公司

服役时间：1979～2008年

枪机种类：气体延迟缓冲枪机

供弹方式：8发可拆式弹匣

基本参数	
口径	9毫米
全长	171毫米
空重	785克
有效射程	50米
枪口初速	351米/秒

小知识

P7系列手枪有P7M8、P7M13、P7K3、P7M10、P7PT8等多种型号，当然各自都有不同之处，P7K3和P7PT8采用自由枪机式工作原理，无气体延迟后坐机构，发射9毫米柯尔特自动手枪弹。

德国HK P7M8手枪

制造商：HK公司

服役时间：1981～2008年

枪机种类：气体延迟缓冲

供弹方式：8发可拆式弹匣

1981年诞生的P7系列手枪的第一种改进型号是P7M8。该枪的主要特点是增加了弹匣释放按钮，还在扳机护圈的上方加装了聚合物防热层，防止射手被枪管的高温烫伤。这些改动使其更适合美国的风格，后来装备了美国新泽西州警察。

基本参数	
口径	9毫米
全长	171毫米
空重	780克
有效射程	50米
枪口初速	351米/秒

德国HK P7M13手枪

制造商：HK公司

服役时间：1982～2008年

枪机种类：气体延迟缓冲

供弹方式：13发可拆式弹匣

1982年，HK公司在P7M8手枪的基础上推出了P7M13手枪。该手枪使用的是双排的13发弹匣，与P7M8手枪相比，其重量更重一些。

基本参数	
口径	9毫米
全长	175毫米
空重	850克
有效射程	50米
枪口初速	351米/秒

德国HK P7PT8手枪

制造商：HK公司

服役时间：1982～1983年

枪机种类：自由枪机

供弹方式：8发可拆式弹匣

1982~1983年间，HK公司生产过一种数量很稀少的P7PT8手枪，总产量不到200把。这种型号因其所使用的PT（Plastic Trainningbullets，塑胶弹头训练弹）弹药而得名，因为弹种不同而取消了气体缓冲装置。

基本参数	
口径	9毫米
全长	171毫米
空重	720克
有效射程	50米
枪口初速	410米/秒

德国HK P7K3手枪

制造商：HK公司

服役时间：1984年至今

枪机种类：自由枪机

供弹方式：8发可拆式弹匣

1984年，P7K3手枪问世。这种枪因可以更换为三种不同的口径而得名，它主要面向美国的民用市场，因为不同子弹膛压不同，所以取消了气体缓冲系统。基本型号发射的是0.32ACP子弹，更换枪管和弹匣后可发射0.38ACP子弹，如果想使用0.22LR子弹还要更换套筒。

基本参数	
口径	5.56毫米
全长	160毫米
空重	775克
有效射程	50米
枪口初速	330米/秒

德国HK P7M10手枪

制造商：HK公司

服役时间：1991年至今

枪机种类：气体延迟缓冲

供弹方式：10发可拆式弹匣

1991年，使用大口径0.40S&W子弹的P7M10手枪面世。HK公司还曾设计过一种采用液压驻退缓冲装置和大威力0.45ACP口径手枪子弹的P7M7手枪，不过它仅仅是停留在原型阶段。

基本参数	
口径	10毫米
全长	175毫米
空重	1250克
有效射程	50米
枪口初速	300～345米/秒

德国HK P9系列手枪

制造商：HK公司

服役时间：1969～1978年

枪机种类：滚轮延迟反冲式

供弹方式：9发可拆式弹匣

P9手枪是HK公司于20世纪60年代设计的新型自动装填手枪，后来成为德国警察和军队的制式武器。该枪采用内置式击锤，枪管采用多边形膛线，套筒后端有弹膛存弹指示杆，膛内有弹时拉壳钩也翘起表示膛内有弹。值得一提的是，手枪握把前端的位置是采用高分子聚合物，是历史上第一种在握把片以外的枪身结构上采用塑胶材料的手枪。

基本参数	
口径	9毫米
全长	192毫米
空重	880克
有效射程	50米
枪口初速	350米/秒

德国HK USP手枪

USP手枪采用经改进的勃朗宁手枪的机构作为基本结构，是HK公司第一种专门为美国市场设计的手枪，主要针对美国民间、执法机构和军事部门的用户。USP全枪由枪管、套筒、套筒座、复进簧组件和弹匣5个部分组成，共有53个零部件。

制造商：HK公司

服役时间：1993年至今

枪机种类：自由枪机、单/双动

供弹方式：12/13/15发可拆式弹匣

基本参数	
口径	9毫米
全长	194毫米
空重	780克
有效射程	50米
枪口初速	285米/秒

德国HK Mk23手枪

Mk23手枪是HK公司根据美国特种作战司令部的要求而研制的进攻型手枪，称为USSOCOM手枪，正式名称为“Mark23 Mod0”。军用版本定型后，HK公司推出了Mk23手枪的民用及执法机关使用型版本，命名为“Mk23”。该枪的手动保险杆和待击解脱杆分离为两个独立部件，Mk23手枪的扳机护圈前方有一个螺纹孔可用于固定激光指示器。

制造商：HK公司

服役时间：1996～2010年

枪机种类：自由枪机、双动

供弹方式：12发可拆式弹匣

基本参数	
口径	11.43毫米
全长	421毫米
空重	1210克
有效射程	20~50米
枪口初速	260米/秒

德国HK P2000手枪

P2000手枪是HK公司于2001年研制的半自动手枪，是以紧凑型USP手枪的各种技术作为基础而设计的。除此之外，该枪还大量采用耐高温、耐磨损的聚合物及钢材混合材料以减轻全枪重量和生产成本。

制造商：HK公司

服役时间：2001年至今

枪机种类：自由枪机

供弹方式：10/12发可拆式弹匣

基本参数	
口径	9毫米
全长	173毫米
空重	620克
有效射程	50米
枪口初速	355米/秒

小 知 识

P2000手枪主要用于执法机关、准军事和民用市场。目前，该枪正被德国联邦警察、联邦特工和美国海关及边境保卫局（CBP）的成员所使用。

德国HK P30手枪

制造商：HK公司

服役时间：2006年至今

枪机种类：自由枪机

供弹方式：15发可拆式弹匣

P30手枪是P2000手枪的改进型，目的是提供一种更好的警用手枪和自卫手枪。两种手枪在技术上相差不多，同样是勃朗宁式闭锁原理，高强度塑料底把，扳机组是一个独立部件，由不同的扳机组形成不同的型号。不同之处在于，P30手枪比P2000手枪在人机工效上有更大的提高，因为它不仅仅可以像P2000手枪一样更换握把背板，还能更换握把侧板。

基本参数	
口径	9毫米
全长	181毫米
空重	740克
有效射程	50米
枪口初速	360米/秒

德国HK HK45手枪

制造商：HK公司

服役时间：2007年至今

枪机种类：自由枪机

供弹方式：10发可拆式弹匣

HK45手枪是HK公司于2006年设计、2007年生产的半自动手枪，是HK USP手枪技术的又一次发展。为了适应更小、更符合人机工效的手枪握把，HK45手枪使用的是容量为10发的专用可拆式双排弹匣。

基本参数	
口径	11.43毫米
全长	191毫米
空重	785克
有效射程	40~80米
枪口初速	260米/秒

德国HK VP70手枪

制造商：HK公司

服役时间：1970～1989年

枪机种类：自由枪机

供弹方式：18发可拆式弹匣

VP70手枪是一把纯双动操作的9毫米手枪，由HK公司在1970年推出。该枪枪身采用聚合物料制造，装上枪托后可以进行三点发射击。VP70意思是1970年推出的Volkspistole（人民手枪）。

基本参数	
口径	9毫米
全长	204毫米
空重	820克
有效射程	50米
枪口初速	360米/秒

德国毛瑟C96手枪

C96手枪是毛瑟兵工厂在1896年推出的全自动手枪，由该厂的菲德勒三兄弟利用工作空闲时间设计而来。该枪采用枪管后坐式工作原理，于1939年停产，前后总生产了100万把，其他国家也仿制了数百万把。

制造商：毛瑟兵工厂

服役时间：1896~1961年

枪机种类：枪管后坐式

供弹方式：10发可拆式弹匣

基本参数	
口径	7.63毫米
全长	288毫米
空重	1130克
有效射程	100米
枪口初速	425米/秒

德国毛瑟HSC手枪

HSC手枪是由德国研发，在二战期间和战后制造的7.65毫米口径半自动手枪，它有着半外露击锤、双动扳机、单排弹匣和弹弓环绕枪管等特征。

制造商：毛瑟公司

服役时间：1940~1977年

枪机种类：自由枪机

供弹方式：8发可拆式弹匣

基本参数	
口径	7.65毫米
全长	152毫米
空重	700克
有效射程	50米
枪口初速	290米/秒

瑞士SIG Sauer P210手枪

P210手枪是瑞士工程师查尔斯·佩特于20世纪40年代为瑞士军队所设计，由瑞士著名厂商瑞士工业公司（SIG公司）生产的单动手枪。该手枪最大的特点是它的主要钢制部件由人手工车削，其套筒及骨架配套制成，采用高质量的120毫米枪管，加上严格的品质监控，因此，P210手枪的可靠性、准确度、耐用性极佳。

制造商：SIG公司

服役时间：1949年至今

枪机种类：自由枪机

供弹方式：8发可拆式弹匣

基本参数	
口径	9毫米
全长	215毫米
空重	900克
有效射程	50米
枪口初速	335米/秒

小 知 识

值得一提的是，P210手枪的枪架、套筒和枪管都是配套制造，各打上相同的号码。虽然给手枪的批量生产带来了不便，但是作为主要提供给射击爱好者和收藏家的手枪，这一特色十分难得。

瑞士SIG Sauer P220手枪

制造商：SIG公司

服役时间：1975年至今

枪机种类：自由枪机、单/双动

供弹方式：9发可拆式弹匣

P220手枪是SIG公司为替代P210手枪而研制的一种质优价廉的军用手枪，于1975年正式装备瑞士部队，其编号为M1975。该手枪最大的特点是在简单工具的帮助下，能够通过更换枪管和套筒来射击不同口径的子弹。

基本参数	
口径	9毫米
全长	198毫米
空重	750克
有效射程	50米
枪口初速	345米/秒

瑞士SIG Sauer P225手枪

制造商：SIG公司

服役时间：1976年至今

枪机种类：单动

供弹方式：9发可拆式弹匣

P225手枪是在P220手枪基础上改进而成的，体积和重量都要比P220手枪小，为瑞士和德国警察部队所装备。该手枪没有手动保险机柄，因此手枪进入射击状态非常迅速。除此之外，该枪的握把形状和枪重心位置设计也十分得体，很利于射击控制。

基本参数	
口径	9毫米
全长	180毫米
空重	740克
有效射程	50米
枪口初速	340米/秒

瑞士SIG Sauer P226手枪

制造商：SIG公司

服役时间：1984年至今

枪机种类：自由枪机

供弹方式：15发可拆式弹匣

P226手枪的第一个原型在1980年生产，早期的原型实际上只是相当于把P220手枪改为双排弹匣供弹。与P220手枪相比，P226手枪增大了弹匣容量，标准的P226手枪弹匣容量为15发弹。

基本参数	
口径	9毫米
全长	196毫米
空重	865克
有效射程	50米
枪口初速	350米/秒

瑞士SIG Sauer P228手枪

制造商：SIG公司

服役时间：1988年至今

枪机种类：自由枪机

供弹方式：13发可拆式弹匣

P228手枪是P226手枪的紧凑型，其尺寸比P226手枪小一些。不同之处是，P226手枪握把侧片上的方格防滑纹改为不规则的凸粒防滑纹，使P228手枪的握把手感十分舒适，由此后来生产的P226手枪也改用了类似P228手枪的握把设计。

基本参数	
口径	9毫米
全长	180毫米
空重	830克
有效射程	50米
枪口初速	340米/秒

瑞士SIG Sauer P229手枪

制造商：SIG公司

服役时间：1992年至今

枪机种类：自由枪机

供弹方式：12发可拆式弹匣

P229手枪是P228手枪的改进型，二者在外形上十分相似，但枪管略有不同。此外，P229手枪弹匣的底部比P228手枪略宽，因此两种弹匣不可互换。

基本参数	
口径	9毫米
全长	180毫米
空重	905克
有效射程	50米
枪口初速	309米/秒

瑞士SIG Sauer P230手枪

制造商：SIG公司

服役时间：1977～1996年

枪机种类：反冲作用

供弹方式：7发可拆式弹匣

P230手枪是SIG公司于1977年发布的中型手枪。该手枪在设计时的重点主要是以提供便衣人员使用为目标，因此为了缩小枪支的体积，便采用了单排式弹匣的设计。虽然P230手枪是一款小型手枪，但撞针保险、击槌释放钮、双动扳机一应俱全，是一款高安全性的手枪。

基本参数	
口径	9毫米
全长	168毫米
空重	460克
有效射程	50米
枪口初速	275米/秒

瑞士SIG Sauer P239手枪

制造商：SIG公司

服役时间：1996年至今

枪机种类：自由枪机

供弹方式：8发可拆式弹匣

P239手枪是P229手枪的进一步小型化，按SIG公司自己的称呼叫做“个人尺寸手枪”，实际就是一种接近袖珍手枪尺寸的小型手枪。该枪结构简单可靠，虽然其尺寸比大多数袖珍手枪要稍大一点，但它的威力和火力都比大多数袖珍手枪强大，非常适合执法机构的便衣人员或其他需要隐蔽携枪的保卫人员使用。

基本参数	
口径	9毫米
全长	168毫米
空重	714克
有效射程	50米
枪口初速	245米/秒

瑞士SIG Sauer SP2022手枪

制造商：SIG公司

服役时间：1991年至今

枪机种类：自由枪机

供弹方式：15发可拆式弹匣

SP2022手枪是1991年以SP2340/SP2009手枪改进而来的，是瑞士SIG公司SP系列手枪的最新型。该手枪继承了P220系列手枪的工作原理及基本结构，并在设计上有所创新和改进，因此具有结构紧凑、牢固、安全性能好以及操作简单等优点。

基本参数	
口径	9毫米
全长	187毫米
空重	715克
有效射程	50米
枪口初速	390米/秒

比利时FN Five-seveN手枪

制造商：FN公司

服役时间：2000年至今

枪机种类：自由枪机

供弹方式：10/20/30发可拆式弹匣

FN Five-seveN手枪是配合FN P90手枪而研发的手枪，其名称来自其使用的子弹直径5.7毫米。该手枪具有重量轻、低后坐力、高容量弹匣以及体积小等优点，由于使用了与P90手枪相同的5.7×28毫米子弹，所以拥有相当的击穿防弹装备的能力，携弹量也比一般手枪多。

基本参数	
口径	5.7毫米
全长	208毫米
空重	744克
有效射程	50米
枪口初速	716米/秒

比利时Five-seveN IOM手枪

制造商：FN公司

服役时间：2004年至今

枪机种类：自由枪机

供弹方式：10/20/30发可拆式弹匣

2004年，FN公司推出Five-seveN IOM手枪给民用市场。IOM版加装了M1913导轨，弹匣保险装置，能够任意调整的准星等。

基本参数	
口径	5.7毫米
全长	208毫米
空重	590克
有效射程	50米
枪口初速	716米/秒

比利时Five-seveN USG手枪

制造商：FN公司

服役时间：2005年至今

枪机种类：自由枪机

供弹方式：10/20/30发可拆式弹匣

USG是“美国政府”（United States Government）的缩写，该枪于2005年取代IOM手枪。该枪采用可调式照门，准星加高，弹匣释放钮可左右对换，主要使用穿透能力较低的空尖弹或软尖弹。

基本参数	
口径	5.7毫米
全长	208毫米
空重	617克
有效射程	50米
枪口初速	716米/秒

比利时FN M1900手枪

制造商：FN公司

服役时间：1900～1911年

枪机种类：单动

供弹方式：8发可拆式弹匣

FN M1900手枪是FN公司生产的第一支由勃朗宁设计的自动手枪。该手枪的最大特点是外形扁薄平整，坚实紧凑，简洁明快，大小适中。在结构性能方面，FN M1900手枪结构简单，动作可靠，尤其是在战斗使用中非常方便。

基本参数	
口径	7.65毫米
全长	165毫米
空重	625克
有效射程	30米
枪口初速	290米/秒

比利时FN M1903手枪

制造商：FN公司、柯尔特公司

服役时间：1903～1939年

枪机种类：单动

供弹方式：7/8发可拆式弹匣

FN M1903手枪以FN M1900手枪改良而成，由比利时FN公司及美国柯尔特公司生产。该手枪在使用安全可靠性方面，除设置手动保险外，还增加了握把保险和无弹匣保险。此外，FN M1903手枪还具有高可靠性、高准确度、重量轻及装填迅速等优点。

基本参数	
口径	7.65毫米
全长	205毫米
空重	930克
有效射程	30米
枪口初速	318米/秒

比利时FN M1906手枪

制造商：FN公司

服役时间：1906～1959年

枪机种类：自由枪机

供弹方式：6发可拆式弹匣

M1906手枪是约翰·勃朗宁于1904年开发的一款袖珍型自动手枪，同时也是世界上首支袖珍型自动手枪。M1906手枪采用自由枪机式自动方式，惯性闭锁机构，结构简单，只有33个零件，能够迅速不完全分解为套筒、枪管、复进簧及其导杆、击针和击针簧组件、套筒座、弹匣、连接销共7个部分。

基本参数	
口径	6.35毫米
全长	114毫米
空重	350克
有效射程	30米
枪口初速	500米/秒

比利时FN M1935手枪

制造商：FN公司

服役时间：1935年至今

枪机种类：自由枪机、单动

供弹方式：10发可拆式弹匣

FN公司的“大威力”手枪是世界上最著名的手枪之一，由于最初在1935年推出，因此也被称为“勃朗宁HP35”或M1935手枪。该枪结构简单、坚固耐用，与M1911手枪采用相同的轴式抽壳钩，它与击针一起被击针限制板限制并固定在套筒上。

基本参数	
口径	9毫米
全长	197毫米
空重	900克
有效射程	50米
枪口初速	335米/秒

比利时FN FNX手枪

FN FNX手枪是FN公司旗下、位于美国南卡罗来纳州哥伦比亚的美国分公司设计和生产的半自动手枪。该枪具有聚合物制造的底把，以及分别有不锈钢和聚合物两种可以选择的套筒。这款手枪在2010年SHOT Show（美国著名枪展）上首次亮相，推出时发射9毫米鲁格弹。

制造商：FN公司

服役时间：2010年至今

枪机种类：枪管后坐式

供弹方式：17发可拆式弹匣

基本参数	
口径	9毫米
全长	187毫米
空重	620克
有效射程	50米
枪口初速	350米/秒

比利时FN FNP手枪

FNP手枪是市场上唯一的全聚合物制造底把的自动装填手枪（在FNP手枪初次发售时），具有协助完全更换底把的导轨，这样就算手枪因为多次射击而零件耗损后仍能重组，从而延长全枪的寿命。此外，该手枪具有能左右手操作的待击解脱杆和一个可反转的弹匣释放按钮。

制造商：FN公司

服役时间：2006年至今

枪机种类：枪管后坐式

供弹方式：10/16发可拆式弹匣

基本参数	
口径	9毫米
全长	188毫米
空重	700克
有效射程	50米
枪口初速	350米/秒

苏联/俄罗斯PB消声手枪

PB消音手枪是以马卡洛夫手枪作蓝本的消音武器，于1967年投入服役，并列装苏联军队中的侦察小组、特种部队和克格勃等部门。该手枪配有一个一体化的抑制器，必要时使用者可将抑制器拆卸成两部分，以令手枪能够方便地隐蔽携带。除此之外，该枪也能够在没装上抑制器的情况下安全地被击发，这确保了使用者在危急情况下能够直接开火。

制造商：伊热夫斯克机械厂

服役时间：1967年至今

枪机种类：自由枪机

供弹方式：8发可拆式弹匣

基本参数	
口径	9毫米
全长	308毫米
空重	970克
有效射程	50米
枪口初速	290米/秒

小知识

PB手枪有一个特制的枪套，手枪及拆卸后的抑制器可分开收藏在里面。该手枪的击发机构与马卡洛夫手枪相同，另外由于枪管前部安装了抑制器，所以枪机十分短小，复位弹簧也被移至握把里面。

俄国/苏联/俄罗斯纳甘M1895手枪

纳甘M1895手枪是比利时工业家莱昂・纳甘为俄罗斯帝国所研发的7发双动式左轮手枪，发射7.62×38毫米R弹。与大部分左轮手枪的运作原理不同，该枪采用了特殊的气体密封式设计。在手枪的击锤被拉低后其弹巢会向前移动，同时也封闭了弹巢与枪管之间的空隙，增加了子弹的初速，并容许武器能够被消音。

制造商：图拉兵工厂、伊热夫斯克机械制造厂

服役时间：1895年至今

枪机种类：单/双动式

供弹方式：7发转轮式弹巢

基本参数	
口径	7.62毫米
全长	235毫米
空重	800克
有效射程	22米
枪口初速	272米/秒

苏联/俄罗斯马卡洛夫PM手枪

马卡洛夫PM手枪由尼古拉・马卡洛夫设计，20世纪50年代初成为苏联军队的制式手枪。该手枪为一种使用固定枪体连枪管和直接反冲作用运作的中型手枪，在反冲作用设计中，唯一会使滑套闭锁的是复进簧，但在射击过程中，其枪管和滑套并不需要闭锁。

制造商：伊热夫斯克机械制造厂

服役时间：1951年至今

枪机种类：单/双动式扳机

供弹方式：8发可拆式弹匣

基本参数	
口径	9毫米
全长	161毫米
空重	730克
有效射程	50米
枪口初速	315米/秒

苏联APS斯捷奇金手枪

APS斯捷奇金手枪是由苏联枪械设计师伊戈尔·雅科夫列维奇·斯捷奇金研制的全自动手枪，发射9×18毫米马卡洛夫手枪弹。该枪的木制枪托也可兼作枪套的用途，手枪在不用时能够收藏在里面，这种设计跟德国的毛瑟C96手枪非常相似。

制造商：图拉兵工厂

服役时间：1951～1975年

枪机种类：反冲作，单/双动

供弹方式：20发可拆式弹匣

基本参数	
口径	9毫米
全长	225毫米
空重	1220克
有效射程	50米
枪口初速	340米/秒

小 知 识

APS斯捷奇金手枪是较重的，而在加上木制枪托后更会笨重。这使该枪后来从苏联现役武器中撤装，并被火力更强大和更有效的AKS-74U短管突击步枪所取代。不过直至现在依旧是一些苏联继承国的特种部队和执法部队的常用手枪之一，在军队中仍有库存。但基于现代化需求，许多使用该枪的士兵和执法人员都以战术枪套取代了原有的木制枪套。

苏联APB消音手枪

制造商：图拉兵工厂

服役时间：1951～1975年

枪机种类：反冲作，单/双动

供弹方式：20发可拆式弹匣

APB是斯捷奇金自动手枪的消音版本，它于1972年以“APB”的名义被苏联军队采用。该枪的枪口初速被降至290米/秒，并配有一个可拆式钢丝枪托，取代了斯捷奇金自动手枪所用的木制枪托。其枪管也比斯捷奇金自动手枪长，并具有螺纹以用作加装抑制器。枪口四周也被一个一体化的增大膛室包裹着，使发射后产生的热气体可从枪管的孔里散出，当不使用时，用户能够将其抑制器夹在枪托上。

基本参数	
口径	9毫米
全长	225毫米
空重	1220克
有效射程	50米
枪口初速	290米/秒

苏联/俄罗斯PSS微声手枪

制造商：俄罗斯工业设计局

服役时间：1983年至今

枪机种类：反冲作用、双动式

供弹方式：6发可拆式弹匣

PSS微声手枪采用反冲作用运作，扳机为双动式设计，发射的弹药为苏联研制的7.62×42毫米SP-4型无音弹，并能有效地配合其发射机制以进行无声射击，同时还可有效地抑制枪口焰和烟雾从枪口里冒出。此外，该手枪曾被克格勃采用过，但在苏联解体后转交给俄罗斯境内的执法部门和特种部队使用。

基本参数	
口径	7.62毫米
全长	165毫米
空重	700克
有效射程	50米
枪口初速	331米/秒

苏联/俄罗斯PSS-2微声手枪

制造商：俄罗斯工业设计局

服役时间：1983年至今

枪机种类：反冲作用、双动式

供弹方式：6发可拆式弹匣

PSS-2微声手枪基于PSS微声手枪研制，但具有SR-1M手枪的某些功能并进行了一些改进。该手枪使用新开发的SP-16无噪音7.62×43毫米弹药，在2011年被俄罗斯联邦安全局（FSB）采用。

基本参数	
口径	7.62毫米
全长	165毫米
空重	700克
有效射程	50米
枪口初速	331米/秒

苏联/俄罗斯MSP手枪

制造商：图拉兵工厂

服役时间：1972～2002年

枪机种类：中折式

供弹方式：2发可拆式弹夹

MSP手枪是应苏联特种部队和国家安全委员会的要求而设计，并且用作暗杀武器。该手枪具有非常紧凑和光滑的设计，用以隐蔽携带和突发使用。它采用专用的SP-3弹药，并且通过两发式钢制弹夹条装弹，弹夹条兼作其抽壳钩。

基本参数	
口径	7.62毫米
全长	115毫米
空重	530克
有效射程	15～20米
枪口初速	200米/秒

俄罗斯MP-443手枪

制造商：伊热夫斯克机械制造厂

服役时间：2003年至今

枪机种类：自由枪机

供弹方式：10/17发可拆式弹匣

MP-443手枪是最新型的俄罗斯军用制式手枪之一，发射多种9×19毫米鲁格弹，包括俄罗斯所研制的7N21高压子弹。该手枪在握把上方左右两侧成对配置手动保险杆，左右手均可操作。手动保险杆推向上方位置时为保险状态，不仅可以锁住扳机和阻铁，还能锁住击锤和套筒。

基本参数	
口径	9毫米
全长	198毫米
空重	950克
有效射程	50米
枪口初速	465米/秒

俄罗斯MP-412 REX手枪

制造商：伊热夫斯克机械制造厂

服役时间：1993年至今

枪机种类：双动式

供弹方式：6发可拆式弹巢

MP-412 REX手枪是由俄罗斯伊热夫斯克机械制造厂设计生产的左轮手枪。该手枪的独特之处在于它具有折开式装填设计，且具有自动退壳的功能，这种设计极为少见。枪管底部由复合材料制成，必要时用户可以将握把从钢架式枪管上拆除。

基本参数	
口径	9毫米
全长	232毫米
空重	900克
有效射程	50米
枪口初速	285米/秒

俄罗斯OTs-33手枪

制造商：俄联邦仪器设计局

服役时间：1996年至今

枪机种类：反冲作用

供弹方式：18/27发可拆式弹匣

OTs-33手枪是一款击发调变、反冲作用操作式武器，用以发射9×18毫米马卡洛夫口径手枪子弹。它可以配用两种9×18毫米马卡洛夫弹药的类型，分别是标准的57-N-181S弹药和更为强大的57-N-181SM弹药。除此之外，该枪还采用了两款可拆卸式双排弹匣所供弹，容量分别是18发（标准）与27发（可选）。OTs-33手枪在枪管以下的底把设有一条整体式战术附件导轨，用以装上战术灯或激光指示器。

基本参数	
口径	9毫米
全长	538毫米
空重	1150克
有效射程	50米
枪口初速	330米/秒

奥地利格洛克17手枪

制造商：格洛克公司

服役时间：1982年至今

枪机种类：自由枪机

供弹方式：31/33发可拆式弹匣

格洛克17手枪是格洛克公司研制的一款半自动手枪。该手枪外形简洁，其握把和枪管轴线的夹角极大，在实战中十分实用，不仅方便携带，还能在遭遇战中快速瞄准射击。

基本参数	
口径	9毫米
全长	202毫米
空重	625克
有效射程	50米
枪口初速	375米/秒

奥地利格洛克18手枪

制造商：格洛克公司

服役时间：1983年至今

枪机种类：自由枪机

供弹方式：17/31/33发可拆式弹匣

格洛克18手枪是在格洛克17手枪基础上改进而来的一款全自动手枪。该枪和格洛克17手枪一样使用9毫米鲁格弹，不同之处在于，格洛克18手枪新增了全自动模式，可以选择单发或者连发射击。在使用连发射击时，射速可达1200发/分，几乎能够与冲锋枪相媲美。

基本参数	
口径	9毫米
全长	186毫米
空重	620克
有效射程	50米
枪口初速	360米/秒

奥地利格洛克20手枪

制造商：格洛克公司

服役时间：1991年至今

枪机种类：自由枪机

供弹方式：15发可拆式弹匣

格洛克20手枪是格洛克公司在格洛克17手枪基础上研发的，但两者的零部件并不能完全通用，只有大约50%可以更换使用，主要针对美国安全机构和军事部门而设计。该手枪不仅性能优秀，威力也十分强大。

基本参数	
口径	10毫米
全长	193毫米
空重	785克
有效射程	50米
枪口初速	380米/秒

奥地利格洛克27手枪

制造商：格洛克公司

服役时间：1996年至今

枪机种类：自由枪机

供弹方式：17发可拆式弹匣

2011年开始，新推出的格洛克27手枪为了提高人机工效，采用了与第四代格洛克17手枪相同的新纹理。握把由粗糙表面改为凹陷表面，握把片也由以前的不能更换改为可以更换，主要是为了调整握把尺寸，更适合不同的手形。

基本参数	
口径	10毫米
全长	163毫米
空重	560克
有效射程	50米
枪口初速	375米/秒

奥地利格洛克29手枪

制造商：格洛克公司

服役时间：1997年至今

枪机种类：自由枪机

供弹方式：10/15发可拆式弹匣

格洛克29手枪是由格洛克公司设计及生产的，是格洛克20手枪的袖珍型口径版本。格洛克29手枪经历了三次修改版本，最新的版本称为第四代格洛克29手枪。该手枪有经改进的弹匣设计，以便左右手都能够直接按下加大的弹匣卡笋以更换弹匣，同时还可以与旧式弹匣共用，但只能右手按下弹匣卡笋以更换弹匣。

基本参数	
口径	10毫米
全长	177毫米
空重	700克
有效射程	50米
枪口初速	375米/秒

奥地利格洛克37手枪

格洛克37手枪是格洛克21手枪的改进型，于2003年首次出现在大众视野中。该手枪重量较轻，所以在一定程度上有后坐力较大的缺点。

制造商：格洛克公司

服役时间：2003年至今

枪机种类：自由枪机

供弹方式：10发可拆式弹匣

基本参数	
口径	11.43毫米
全长	201毫米
空重	820克
有效射程	50米
枪口初速	320米/秒

法国MAS 1873手枪

MAS 1873手枪是由圣埃蒂安武器制造厂生产的左轮手枪，它是法国军队采用的第一种双动式左轮手枪。MAS 1873手枪的弹巢侧面有一个进弹口，装填时需把它向后方拉出。其瞄具视点为一个球体和“V”字，而且非常容易对齐。除此之外，MAS 1873手枪的保养和分解也十分容易。

制造商：圣埃蒂安武器制造厂

服役时间：1873～1962年

枪机种类：双动操作

供弹方式：6发可拆式弹巢

基本参数	
口径	11毫米
全长	240毫米
空重	1040克
有效射程	50米
枪口初速	260米/秒

法国M1892手枪

M1892手枪是法国采用的一种制式手枪，由圣埃蒂安武器制造厂生产，以取代老旧的MAS 1873左轮手枪。该枪在一战期间为法国军队的制式手枪。它的弹巢为外摆式设计，在装弹时射手需把弹巢向右方摆出并完成装填。此外，M1892手枪发射8毫米枪弹，一种比起当代的许多左轮手枪（如其前身MAS 1873左轮手枪以及英国制韦伯利左轮手枪）更小口径的枪弹。

制造商：圣埃蒂安武器制造厂

服役时间：1892～1960年

枪机种类：双动操作

供弹方式：6发可拆式弹巢

基本参数	
口径	8毫米
全长	240毫米
空重	850克
有效射程	50米
枪口初速	220米/秒

法国MR-73手枪

MR－73手枪是由曼努林公司生产的一款双动式左轮手枪。每支MR－73手枪在出厂前都必须经过超过12小时的手工装配，因此它在价格方面比美国制造的品牌要贵出50%左右。该手枪采用双动式扳机设计，结构简单可靠，射击过程平滑顺畅，除此之外还拥有比赛级的精度，由此使得MR－73在左轮手枪中堪称经典。

制造商：曼努林公司

服役时间：1973年

枪机种类：双动操作

供弹方式：6发可拆式弹巢

基本参数	
口径	9毫米
全长	205毫米
空重	880克
有效射程	50米
枪口初速	210米/秒

法国PAMAS-G1手枪

PAMAS-G1手枪是以伯莱塔92F手枪衍生而成的手枪，由法国地面武器工业公司（GIAT）制造。该手枪采用碳钢枪管、铝合金骨架以及塑料握把片，其与伯莱塔92F手枪的区别在于无手动保险装置，只有待击解脱功能。

制造商：法国地面武器工业公司

服役时间：1987年至今

枪机种类：枪管后坐式

供弹方式：10/15/17发可拆式弹匣

基本参数	
口径	9毫米
全长	217毫米
空重	945克
有效射程	50米
枪口初速	320米/秒

小 知 识

除了军队，法国的各执法部门也曾把PAMAS-G1手枪作为制式手枪，但后来因各种问题被陆续暴露出来。为其安全着想，PAMAS-G1手枪便被法国政府淘汰撤装，而改用瑞士SIG SP2022手枪作为新的制式手枪。

法国Mle 1950 手枪

制造商：莱劳特武器制造厂

服役时间：1953年至今

枪机种类：枪管后坐式

供弹方式：9发可拆式弹匣

Mle 1950手枪是法国军队于1950年列装的制式半自动手枪。它的出现取代了包括Mle 1935A及Mle 1935S在内的一系列手枪，并在1953年投入生产，直到1978年停产。该手枪采用了勃朗宁大威力半自动手枪的枪管设计，保险装置位于套筒上，它能有效地锁定击针，使用户在锁定保险后依然可以轻扣扳机以令击锤降下。

基本参数	
口径	9毫米
全长	196毫米
空重	860克
有效射程	50米
枪口初速	315米/秒

英国博蒙特-亚当斯手枪

制造商：伦敦兵工厂

服役时间：1862~1880年

枪机种类：单/双动操作

供弹方式：5发可拆式弹巢

博蒙特-亚当斯手枪是一种英国原产的左轮手枪。此枪在1862~1880年间为英国及其殖民地军警装备的制式手枪，并曾参与过许多殖民战争，直至被恩菲尔德左轮手枪取代为止。除此之外，该枪还曾在数个欧洲国家及美国特许生产。

基本参数	
口径	9毫米
全长	286毫米
空重	1100克
有效射程	30米
枪口初速	190米/秒

英国恩菲尔德No.2手枪

制造商：英国皇家轻兵器工厂

服役时间：1932~1963年

枪机种类：双动操作

供弹方式：6发可拆式弹巢

恩菲尔德No.2手枪是二战期间英国军队广泛使用的手枪。该枪与英国韦伯利左轮手枪一样都采用了中折式设计，其特征是在用户折开枪管的同时，弹巢内的弹壳便会自动弹出，并方便于重新装填。

基本参数	
口径	9毫米
全长	260毫米
空重	765克
有效射程	13米
枪口初速	189米/秒

意大利伯莱塔Px4 Storm手枪

制造商：伯莱塔公司

服役时间：2004年至今

枪机种类：枪管后坐式

供弹方式：15发可拆式弹匣

伯莱塔Px4 Storm手枪是意大利伯莱塔公司为个人防卫和执法机关使用而设计生产的一款半自动手枪。该手枪具有操作方便、性能可靠、采用塑料材料制造的套筒座以及重视人机工效的模块化握把等优点。

基本参数	
口径	9毫米
全长	193毫米
空重	785克
有效射程	50米
枪口初速	360米/秒

意大利伯莱塔90TWO手枪

制造商：伯莱塔公司

服役时间：2006年至今

枪机种类：自由枪机

供弹方式：12/17发可拆式弹匣

90TWO手枪的设计极为出色，其最大的特点是导轨护套。采用导轨护套的目的是在遭到意外撞击时保护导轨，同时还有隐藏导轨部分，调整整体平衡的目的。

基本参数	
口径	9毫米
全长	216毫米
空重	921克
有效射程	50米
枪口初速	381米/秒

意大利齐亚帕“犀牛”手枪

制造商：齐亚帕武器公司

服役时间：2009年至今

枪机种类：双 / 单动操作

供弹方式：6发可拆式弹匣

“犀牛”手枪是由齐亚帕武器公司设计生产的一款左轮手枪。该手枪最大的特点是6发弹巢的横截面为六边形，而并非圆柱形。由于“犀牛”手枪独具匠心，有着让人耳目一新的设计和优秀的性能，因此受到了全世界枪械爱好者的高度赞扬。

基本参数	
口径	9毫米
全长	164毫米
空重	700克
有效射程	50米
枪口初速	250米/秒

捷克斯洛伐克/捷克CZ-75手枪

制造商：乌尔斯基·布罗德兵工厂
服役时间：1976年至今
枪机种类：枪管后坐式
供弹方式：12发可拆式弹匣

CZ-75是由乌尔斯基·布罗德兵工厂生产的半自动手枪。它采用了类似于勃朗宁大威力半自动手枪的枪管摆动式闭锁机构，其原理是枪管和滑套最初会受到后坐力而后移，直到枪管膛室下方的一个凸耳装置解锁，使枪管与滑套分离。

基本参数	
口径	9毫米
全长	206毫米
空重	1120克
有效射程	50米
枪口初速	300米/秒

捷克CZ-75-P01手枪

制造商：乌尔斯基·布罗德兵工厂
服役时间：2001年至今
枪机种类：枪管后坐式
供弹方式：10/14发可拆式弹匣

CZ-75-P01手枪是CZ-75手枪采用铝合金底把（套筒座）以减轻重量的紧凑型版本。在设计上既有承袭，也有许多突破。该手枪射在击时后坐力比较容易控制，此外，良好的人机工效设计也使射击时单手即可完成所有控制操作。

基本参数	
口径	9毫米
全长	184毫米
空重	770克
有效射程	50米
枪口初速	320米/秒

捷克CZ-P07手枪

制造商：乌尔斯基·布罗德兵工厂
服役时间：2009年至今
枪机种类：枪管后坐式
供弹方式：16发可拆式弹匣

CZ-P07手枪可以看作CZ-75手枪采用聚合物底把（套筒座）的紧凑型版本。该枪的握把虽然与原型CZ-75系列的任何一款手枪相比都要小，但弹匣仍然可以容纳16发9×19毫米手枪子弹。

基本参数	
口径	9毫米
全长	183毫米
空重	771克
有效射程	50米
枪口初速	340米/秒

捷克CZ-P09手枪

制造商：乌尔斯基·布罗德兵工厂
服役时间：2013年至今
枪机种类：枪管后坐式
供弹方式：19发可拆式弹匣

CZ-P09手枪是由乌尔斯基·布罗德兵工厂设计生产的一款半自动手枪。它是CZ-P07手枪的全尺寸型，同样地具有一个重新设计的扳机机构，在进行重新设计时减少了手枪部件的数量，以及改进了扳机扣力。此外，该手枪的套筒比CZ-P07手枪的略厚，操作时更容易掌握及控制。

基本参数	
口径	9毫米
全长	205毫米
空重	839克
有效射程	50米
枪口初速	360米/秒

捷克斯洛伐克/捷克CZ-82手枪

制造商：乌尔斯基·布罗德兵工厂
服役时间：1983～1993年
枪机种类：自由枪机
供弹方式：12发可拆式弹匣

CZ-82手枪采用铝合金套筒座，较大的环形扳机护圈允许戴棉手套或防化学手套的射手使用。枪膛采用了镀铬处理，具有三个优点：延长其枪管寿命，发射腐蚀性弹药时可以防锈，以及易于清洁。该手枪的另一个特点是在9×18毫米马卡罗夫口径时，其枪膛采用了多边形膛线。

基本参数	
口径	9毫米
全长	172毫米
空重	800克
有效射程	50米
枪口初速	305米/秒

捷克斯洛伐克/捷克CZ-83手枪

制造商：切斯卡·日布罗约夫卡兵工厂
服役时间：1983年至今
枪机种类：自由枪机
供弹方式：12/15发可拆式弹匣

CZ-83手枪是一种小型手枪，机械结构简单，主要供警方与军方校级军官使用。该枪在枪身两侧装有击锤保险，这使左手射手在用枪时能以拇指控制保险钮，当击锤保险关闭时，弹匣便无法插入，这可以提醒射手注意保险钮的位置。

基本参数	
口径	7.65毫米
全长	172毫米
空重	1360克
有效射程	50米
枪口初速	300米/秒

捷克斯洛伐克/捷克CZ-85手枪

制造商：乌尔斯基·布罗德兵工厂
服役时间：1986年至今
枪机种类：枪管后坐式
供弹方式：10/16发可拆式弹匣

CZ-85手枪是CZ-75手枪的更新版本，内部做出部分微小改进从而增加其可靠性。它具有灵巧的安全开关和滑动挡块，使手枪适合左右手射手使用。

基本参数	
口径	9毫米
全长	206毫米
空重	1000克
有效射程	50米
枪口初速	320米/秒

捷克CZ-97B手枪

制造商：乌尔斯基·布罗德兵工厂
服役时间：1997年至今
枪机种类：枪管后坐式
供弹方式：10发可拆式弹匣

CZ-97B是乌尔斯基·布罗德兵工厂设计及生产并于1997年推出的半自动手枪，发射0.45ACP口径手枪子弹而非9×19毫米子弹。因为口径的关系，令许多枪迷称呼CZ-97B为非常流行的CZ-75B的“大哥哥”。

基本参数	
口径	11.43毫米
全长	211毫米
空重	1090克
有效射程	50米
枪口初速	320米/秒

捷克CZ-100手枪

制造商：乌尔斯基·布罗德兵工厂
服役时间：1995年至今
枪机种类：枪管后坐式
供弹方式：13发可拆式弹匣

CZ-100手枪是由乌尔斯基·布罗德兵工厂设计和在1995年生产的轻量级半自动手枪。它具有一款姐妹型号为CZ-110，采用单/双动操作扳机。随后CZ-100手枪于2000年重新推出，称为CZ-100B。除了新增可调节式瞄准具、扳机和击发机构的操作，以及套筒和外部钢制部件的清洁加工以外，它在其余的多数方面都相同。

基本参数	
口径	9毫米
全长	177毫米
空重	645克
有效射程	50米
枪口初速	350米/秒

捷克CZ-110手枪

制造商：乌尔斯基·布罗德兵工厂

服役时间：1995年至今

枪机种类：枪管后坐式

供弹方式：13发可拆式弹匣

CZ-110手枪是一把以击针发射的手枪，击针可以由套筒的复进循环令其完全竖起，如果不是必须立即开火的话，可以利用待击解脱杆降低击锤以锁上全枪。此外，CZ-110手枪的套筒下备有战术附件导轨以安装战术灯和激光瞄准器。

基本参数	
口径	9毫米
全长	180毫米
空重	665克
有效射程	50米
枪口初速	350米/秒

捷克GP K100手枪

制造商：巨大威力武器有限公司

服役时间：2002年至今

枪机种类：枪管后坐式

供弹方式：15/17发可拆式弹匣

GP K100手枪是巨大威力武器有限公司研制的一款半自动手枪，发射9×19毫米鲁格口径手枪子弹。该手枪使用起来十分舒适，且指向性好，可靠性也高。

基本参数	
口径	9毫米
全长	202毫米
空重	740克
有效射程	50米
枪口初速	320米/秒

奥地利Pfeifer Zeliska手枪

制造商：Pfeifer Waffen

服役时间：未知

枪机种类：单动式

供弹方式：5发可拆式弹巢

Pfeifer Zeliska手枪是世界上威力最强、体积最大的手枪之一。其空重为6千克，长度为550毫米，巨大的枪身虽然能够承受巨大的后坐力，但同样也限制了其在狩猎及战斗的用途。

基本参数	
口径	15.24毫米
全长	550毫米
空重	6000克
有效射程	50米
枪口初速	594米/秒

以色列“沙漠之鹰”手枪

“沙漠之鹰”手枪是以色列军事工业研制的以威力巨大著称的手枪。由于其在射击时所产生的高噪音导致军、警方拒绝采用，不仅如此，还因该手枪贯穿力强，甚至可以穿透轻质隔墙，所以“沙漠之鹰”目前仅少量用于竞技、狩猎、自卫等。

制造商：以色列军事工业

服役时间：1982年至今

枪机种类：气动作动式

供弹方式：9发可拆式弹匣

基本参数	
口径	12.7毫米
全长	267毫米
空重	1360克
有效射程	200米
枪口初速	402米/秒

小知识

“沙漠之鹰”手枪威力极大世界公认，但美中不足的是，其后坐力太大，结构复杂，可靠性低，因此无法适应复杂恶劣的战场环境。“沙漠之鹰”手枪的设计目的不只是为了战斗或自卫，最初设计目的仅仅是为了打人像靶和打猎，就这一点而言，“沙漠之鹰”手枪的性能的确比大多数手枪优越。

以色列杰里科941手枪

杰里科941手枪是以色列军事工业（IMI）设计生产的一款半自动手枪，发射9×19毫米鲁格弹。虽然在外形上与“沙漠之鹰”手枪有些相似，并有着“小沙鹰”的美称，但两者的内部结构完全不同。

制造商：以色列军事工业

服役时间：1990年至今

枪机种类：枪管后坐式

供弹方式：12发可拆式弹匣

基本参数	
口径	12.7毫米
全长	207毫米
空重	1100克
有效射程	50米
枪口初速	400米/秒

小 知 识

杰里科941手枪采用枪管后坐式工作原理，枪管偏移式开闭锁机构，内部结构类似勃朗宁手枪系统。该枪可以双动射击，套筒在套筒座导轨上运动，有利于保证射击精度。除此之外，它还具有空仓挂机柄，该柄同时又作为待击解脱杆使用，手动保险柄左右手都可单手操作。

西班牙阿斯特拉M900手枪

阿斯特拉M900手枪是西班牙阿斯特拉公司生产的毛瑟C96手枪仿制型，不论在口径、弹匣容量和所用枪套方面都与毛瑟C96手枪相同。

制造商：阿斯特拉公司

服役时间：1927～1945年

枪机种类：枪管后坐式

供弹方式：10/20发可拆式弹匣

基本参数	
口径	7.63毫米
全长	308毫米
空重	1275克
有效射程	1000米
枪口初速	461米/秒

日本二六式手枪

二六式手枪原本设计上是作为骑兵的手枪，因此常在枪托处有可绑上系绳的环。由于供给缺乏，该枪往往被用作备用武器并服役直到二战结束为止。由于设计上为只有双动式，它没有击槌按把，也无法扳起扳机。

制造商：东京炮兵工厂

服役时间：1893～1945年

枪机种类：双动式

供弹方式：6发可拆式弹巢

基本参数	
口径	9毫米
全长	230毫米
空重	927克
有效射程	50米
枪口初速	229米/秒

第3章

步枪

步枪是单兵肩射的长管枪械，有效射程一般为400米；可用刺刀、枪托格斗；有的还能发射枪榴弹，具有点面杀伤和反装甲能力，是现代步兵的基本武器装备。不同类型的步枪能够执行不同的战术使命，但步枪的主要作用是以其火力、枪刺和枪托杀伤有生目标。所以，在近战中，步枪起着非常重要的作用。

美国M1半自动步枪

M1“加兰德”步枪是世上第一种大量服役的半自动步枪，同时也是二战中最著名的步枪之一。与同时代的手动后拉枪机式步枪相比，M1的射击速度有了质的提高，并有着不错的射击精度，在战场上能够起到很好的压制作用。

M1步枪被公认为是二战中最好的步枪之一。美军士兵非常喜爱M1步枪，部队报告称：“M1步枪受到了部队的好评。这一称赞不仅来自陆军和海军陆战队，而且是来自美军全军的。”就连美国著名将军乔治·巴顿也曾评价M1步枪是“曾经出现过的最了不起的战斗武器”。该枪可靠性极高，经久耐用，易于分解和清洁，在丛林、岛屿和沙漠等战场上都有着非常出色的表现。

制造商：春田兵工厂、温彻斯特连发武器公司等

服役时间：1933～1957年

枪机种类：转栓式枪机

供弹方式：8发可拆式弹匣

基本参数	
口径	7.62毫米
全长	1100毫米
空重	4.37千克
有效射程	457米
枪口初速	853米/秒

美国M14自动步枪

M14步枪是由著名枪械设计师约翰·加兰德在M1“加兰德”步枪的基础上设计的自动步枪。该枪具有精度高和射程远的优点，使用7.62×51毫米北约标准步枪弹，由可拆卸的20发弹匣供弹。

M14步枪服役后在丛林作战中大量使用，由于枪身比较笨重，单兵携带弹药量有限，而且弹药威力过大，全自动射击时散布面太大，难以控制精度，在丛林环境中不如AK-47突击步枪（使用中间型威力枪弹），导致评价较差，并且很快停产。此后，经过现代化改造的M14步枪才被美军重新启用。

制造商：春田兵工厂

服役时间：1959～1964年

枪机种类：转栓式枪机

供弹方式：5/10/20发可拆式弹匣

基本参数	
口径	7.62毫米
全长	1118毫米
空重	4.5千克
有效射程	460米
枪口初速	850米/秒

美国M14 DMR步枪

M14 DMR步枪是以M14步枪为基础，以重量轻、高准确度为开发目的提供给美国海军陆战队的狙击步枪，是美国海军陆战队部分任务中侦察狙击手的快速瞄准武器。

M14 DMR步枪的枪机组件和M14步枪相同，同样采用气动、转栓式枪机。M14 DMR步枪采用560毫米不锈钢比赛级枪管，装有手枪式握把及可调式托腮板的麦克米兰M2A玻璃纤维战术枪托。上机匣备有MIL-STD-1913导轨，能够安装所有对应此导轨的瞄准镜，包括比较常见的TS-30日用瞄准镜系列、AN/PVS-10或AN/PVS-17夜视瞄准镜、Leupold Mark 4瞄准镜及Unertl M40 10x fixed power瞄准镜。大部分M14 DMR步枪采用标准型M14的枪口消焰器，并装有哈里斯S-L两脚架。

制造商：美国海军陆战队精确武器工场

服役时间：2001～2010年

枪机种类：转栓式枪机

供弹方式：12/17发可拆式弹匣

基本参数	
口径	9毫米
全长	216毫米
空重	9.21千克
有效射程	800米
枪口初速	381米/秒

美国M16突击步枪

M16突击步枪由阿玛莱特AR-15突击步枪发展而来，现由柯尔特公司生产。它是世界上最优秀的步枪之一，同时也是同口径中生产数量最多的枪械。

M16突击步枪采用导气管式工作原理，但与一般导气式步枪不同，它没有活塞组件和气体调节器，而采用导气管。枪管中的高压气体从导气孔通过导气管直接推动机框，而不是进入独立活塞室驱动活塞。高压气体直接进入枪栓后方机框里的一个气室，再受到枪机上的密封圈阻止，因此急剧膨胀的气体便推动机框向后运动。机框走完自由行程后，其上的开锁螺旋面与枪机闭锁导柱相互作用，使枪机右旋开锁，而后机框带动枪机一起继续向后运动。

制造商：柯尔特公司

服役时间：1960年至今

枪机种类：转动式枪机

供弹方式：20/30发可拆式弹匣

基本参数	
口径	5.56毫米
全长	986毫米
空重	3.1千克
有效射程	550米
枪口初速	975米/秒

小 知 识

为M16突击步枪更换木质护木和小握把是美国民用市场高端定制的流行趋势，有些人喜欢用精美的木头取代聚合物配件，其目的是为了让枪的外观更加古朴。

美国AR-15突击步枪

AR－15突击步枪是由美国著名枪械设计师尤金·斯通纳研发的以弹匣供弹、具备半自动或全自动射击模式的突击步枪。AR－15突击步枪具有小口径、精度高、初速高等特点。

半自动型号的AR－15和全自动型号的AR－15在外形上基本相同，只是全自动改型具有一个选择射击的旋转开关，能够让使用人员在三种设计模式中选择安全、半自动以及依型号而定的全自动或三发连发。而半自动型号只有安全和半自动两种模式可供选择。

制造商：阿玛莱特公司

服役时间：1958年至今

枪机种类：转栓式枪机

供弹方式：10/20/30发可拆式弹匣

基本参数	
口径	5.56毫米
全长	991毫米
空重	3.9千克
有效射程	550米
枪口初速	975米/秒

美国AR-18突击步枪

AR－18突击步枪是阿玛莱特公司于1963年由AR－15突击步枪改进而成的一款突击步枪。AR－18因爱尔兰共和军（IRA）的使用而得到许多恶名，例如“寡妇制造者”。

AR－18是一种弹匣供弹、气动式、选射突击步枪，发射5.56×45毫米北约标准弹药。虽然AR－18突击步枪并没有被任何一个国家作为制式步枪，它却影响了后来的许多武器。尽管AR－18突击步枪也是采用气体传动运作，但是它是以瓦斯筒承接瓦斯，然后推动连杆，将枪机往后推动完成枪机开锁动作。它的结构类似M14步枪，只是拉柄与活塞连杆不是一个总成。

制造商：阿玛莱特公司

服役时间：未服役

枪机种类：转栓式枪机

供弹方式：20/30/40发可拆式弹匣

基本参数	
口径	5.56毫米
全长	965毫米
空重	3千克
有效射程	500米
枪口初速	991米/秒

小 知 识

虽然AR－18突击步枪并没有正式的被任何国家采用为制式步枪，但依旧被许多军队买来作为试验，其中包含美国与英国。

美国巴雷特REC7突击步枪

REC7突击步枪是在M16突击步枪和M4卡宾枪的基础上改进而成的，于2004年开始研发，采用6.8毫米口径。REC7突击步枪并不是一支全新设计的步枪，它只是用巴雷特公司生产的一个上机匣搭配上普通M4/M16的下机匣而成。

REC7突击步枪采用了新的6.8毫米雷明顿SPC（6.8×43毫米）弹药，其长度与美军正在使用的5.56毫米弹药相近，所以可以直接套用美军现有的STANAG（北约标准化协议）弹匣。6.8毫米SPC弹在口径上较5.56毫米弹药要大不少，装药量也更多，其停止作用和有效射程比后者要强50%以上。虽然该枪枪口初速比5.56毫米弹药稍低，但其枪口动能为5.56毫米弹药的1.5倍。REC7突击步枪采用复仇女神武器公司（ARMS公司）生产的SIR（Selecte Integrated Rail，全向选择性综合导轨系统）护木，可以安装两脚架、夜视仪和光学瞄准镜等配件。除此之外，还有一个折叠式的机械瞄具。

制造商：巴雷特公司

服役时间：2004年至今

枪机种类：转栓式枪机

供弹方式：20/30/40发可拆式弹匣

基本参数	
口径	6.8毫米
全长	845毫米
空重	3.46千克
有效射程	600米
枪口初速	810米/秒

小知识

REC7突击步枪的前身是M468，M468的含义是：2004年研发，采用6.8毫米口径。

美国巴雷特M82狙击步枪

M82狙击步枪是20世纪80年代早期由美国巴雷特公司研制的重型特殊用途狙击步枪（Special Application Scoped Rifle，SASR），是美军唯一的特殊用途狙击步枪（SASR），能够用于反器材攻击和引爆弹药库。

由于M82狙击步枪可以打穿一定厚度的墙壁，因此也被用来攻击躲在掩体后的人员。除军队外，美国很多执法机关也钟爱此枪，包括纽约警察局，因为它可以迅速拦截车辆，一发子弹就能打坏汽车引擎，也能很快打穿砖墙和水泥，适合城市战斗。美国海岸警卫队还使用M82狙击步枪进行反毒作战，有效打击了海岸附近的高速运毒小艇。

制造商：巴雷特公司

服役时间：1982年至今

枪机种类：滚转式枪机

供弹方式：10发可拆式弹匣

基本参数	
口径	12.7毫米
全长	1219毫米
空重	14千克
有效射程	1850米
枪口初速	853米/秒

美国巴雷特M95狙击步枪

M95狙击步枪是美国巴雷特公司研制的重型无托结构狙击步枪。据巴雷特公司的官方网站宣布，目前该枪最少被15个国家的军队和执法机关采用。

M95狙击步枪和M90狙击步枪一样，保留其双膛直角箭头形（V形）制动器、可折叠式两脚架和机匣顶部的MIL-STD-1913战术导轨，弹匣减少至5发，没有机械瞄具，必须利用战术导轨安装光学瞄准镜。但主要分别在于更符合人体工效，其握把和扳机之间向前移25毫米以便更换弹匣、缩短每发之间的时间。M95狙击步枪的精度极高，能够保证在900米的距离上3发枪弹的散布半径不超过25毫米，它的设计意图在实战中得到了彻底的体现。

制造商：巴雷特公司

服役时间：1995年至今

枪机种类：旋转后拉式枪机

供弹方式：5发可拆式弹匣

基本参数	
口径	12.7毫米
全长	1143毫米
空重	10.7千克
有效射程	1800米
枪口初速	854米/秒

小 知 识

目前M95狙击步枪最少被15个国家的军队和执法机关采用，包括丹麦特种部队、奥地利特种部队、约旦特种部队、法国国家宪兵特勤队、希腊军队、芬兰军队和西班牙军队等。

美国巴雷特M99狙击步枪

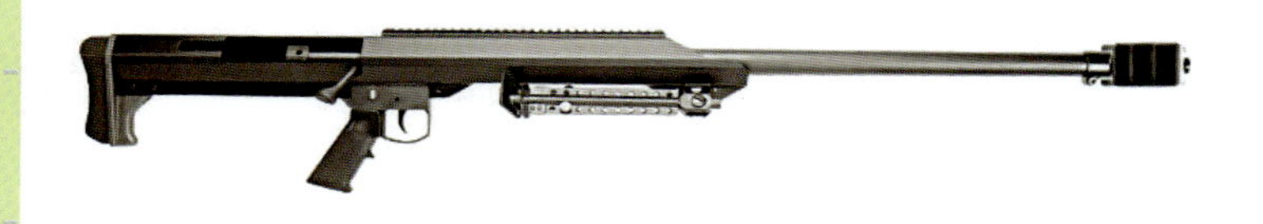

M99狙击步枪是美国巴雷特公司于1999年推出的产品。由于该枪的弹仓只可放一发子弹而且不设弹匣，在军事用途上缺乏竞争力，所以现在主要是向民用市场及执法部门发售。

M99狙击步枪采用多齿刚性闭锁结构，非自动发射方式，即发射一发枪弹后，需手动退出弹壳，并手动装填第二发枪弹，因此它是没有弹匣的。该枪主要使用12.7×99毫米大口径勃朗宁机枪弹，必要时也能够发射同口径的其他机枪弹，主要打击目标是指挥部、停机坪上的飞机、油库、雷达等重要设施。

制造商：巴雷特公司

服役时间：1999年至今

枪机种类：旋转后拉式枪机

供弹方式：1发可拆式弹匣

基本参数	
口径	12.7毫米
全长	1280毫米
空重	11.8千克
有效射程	1850米
枪口初速	900米/秒

美国巴雷特M98B狙击步枪

M98B狙击步枪是由美国巴雷特公司在M98狙击步枪的基础上改进而成的旋转后拉式枪机式手动狙击步枪，于2008年10月正式公布，2009年初开始销售。

与同类武器相比，供弹平稳、安全性高是M98B狙击步枪的最大亮点。无论是行军运输、战斗射击还是维修保养都让操作者感到十分满意。M98B狙击步枪的精度较高，在500米距离弹着点散布直径是6厘米，在1600米距离可以无修正命中人体目标，且对人员可达到“一枪毙命”的效果。另外，M98B狙击步枪不但是有效的反人员狙击步枪，而且还在一定程度上作为反器材步枪使用。

制造商：巴雷特公司

服役时间：2008年至今

枪机种类：旋转后拉式枪机

供弹方式：10发可拆式弹匣

基本参数	
口径	8.59毫米
全长	1264毫米
空重	6.12千克
有效射程	1600米
枪口初速	940米/秒

小知识

M98B狙击步枪外形粗犷，主体由铝合金切削而成，且采用骨架化设计，有效减轻了全枪质量，因此适合单兵携行使用。

美国巴雷特M107狙击步枪

M107狙击步枪是在美国海军陆战队使用的M82A3狙击步枪的基础上发展而来的，能够击发大威力12.7毫米口径弹药。该枪曾被美国陆军物资司令部评为“2004年美国陆军十大最伟大科技发明”之一，现已被美国陆军全面列装。

M107狙击步枪主要用于远距离有效攻击和摧毁技术装备目标，包括停放的飞机、计算机、情报站、雷达站、弹药、石油、燃油和润滑剂站、各种轻型装甲目标以及指挥、控制和通信设备等。 在反狙击手任务中，M107狙击步枪不仅有更远的射程，还有更高的终点效应。

制造商：巴雷特公司

服役时间：2005年至今

枪机种类：滚转式枪机

供弹方式：10发可拆式弹匣

基本参数	
口径	12.7毫米
全长	1448毫米
空重	12.9千克
有效射程	6812米
枪口初速	853米/秒

美国巴雷特XM109狙击步枪

XM109狙击步枪是美国巴雷特公司制造的一种口径达到25毫米的狙击步枪，其威力十分惊人，具有攻击轻型装甲车辆的能力，主要执行远距离狙击任务。

XM109狙击步枪的最大攻击距离可以达到2000米左右，其使用的25毫米大口径子弹至少能够穿透50毫米厚的装甲钢板，能够轻松地摧毁包括轻装甲车辆和停止的飞机在内的各种敌方轻型装甲目标。据称，这种25毫米口径弹药的穿透力是12.7毫米口径穿甲弹的2.5倍以上。

制造商：巴雷特公司

服役时间：2004～2006年

枪机种类：转栓式枪机

供弹方式：5发可拆式弹匣

基本参数	
口径	25毫米
全长	1168毫米
空重	20.9千克
有效射程	2000米
枪口初速	425米/秒

小 知 识

XM109狙击步枪可以视作“狙击炮”，这种射程远、威力大的狙击武器对使用轻装甲的机械化步兵来说绝对是一场噩梦。特别是在一些地形复杂的地区，一支XM10狙击步枪能够打乱或者打垮一个装甲排。

美国巴雷特XM500半自动狙击步枪

XM500狙击步枪是巴雷特公司最新研制及生产的气动式操作、半自动射击的重型无托结构狙击步枪，其无托式设计与M82A2狙击步枪较为相似。

XM500狙击步枪采用无托结构来缩短全长，而且还采用AR式步枪的导气式原理。由于XM500装有一根固定的枪管，因此有更高的精度。和M82/M107狙击步枪一样，XM500也有一个可折叠及拆下的两脚架，安装在护木下方。由于采用了无托结构，因此来自M82的10发可拆式弹匣安装于扳机的后方。由于没有机械瞄具，XM500必须利用机匣顶部的MILSTD-1913战术导轨安装瞄准镜、夜视镜及其他战术配件。

制造商：巴雷特公司

服役时间：2006年至今

枪机种类：转栓式枪机

供弹方式：10发可拆式弹匣

基本参数	
口径	12.7毫米
全长	1168毫米
空重	11.8千克
有效射程	1850米
枪口初速	900米/秒

美国巴雷特MRAD狙击步枪

MRAD狙击步枪是以巴雷特M98B狙击步枪为蓝本，按照美国特种作战司令部（USSOCOM）制订的规格改进而来的旋转后拉式枪机式手动狙击步枪，在2010年底正式公布，并于2011年初开始在民用市场销售。

MRAD狙击步枪装有一根以4150 MIL-B-11595钢铁制造的中至重型的自由浮置式枪管。目前该枪的全长有三种，分别为685.8毫米、622.3毫米和508毫米，枪管更具有凹槽以增加散热速度。MRAD狙击步枪由一个可拆卸弹匣从下机匣弹匣口供弹，让射手即使面对大量目标也能够维持火力，而不会很快就中断。弹匣卡笋就在扳机护圈前方，射手可以用射击手的食指拆卸弹匣及重新装填。

制造商：巴雷特公司

服役时间：2010年至今

枪机种类：旋转后拉式枪机

供弹方式：10发可拆式弹匣

基本参数	
口径	8.59毫米
全长	1258毫米
空重	6.94千克
有效射程	1500米
枪口初速	945米/秒

美国M21狙击手武器系统

M21狙击手武器系统在M14步枪的基础上改进而成，是美国陆军在20世纪60年代末到80年代末的重要狙击武器之一，直到现在仍在使用。

M21狙击手武器系统的消焰器可外接消音器，不仅不会影响弹丸的初速，还可以把泄出气体的速度降低至音速以下，使射手位置不易暴露，这在战争中是一项非常重要的优点。在整个越南战争期间，美军共装备了1800余支配ART瞄准镜的M21。在一份美国越南战争杀伤报告中记载，在1969年1月7日至7月24日的半年内，一个狙击班共射杀敌方1245名士兵，消耗弹药1706发，平均1.37发弹狙杀一个目标。

制造商：岩岛兵工厂

服役时间：1969～1988年

枪机种类：转栓式枪机

供弹方式：5/10/20发可拆式弹匣

基本参数	
口径	7.62毫米
全长	1118毫米
空重	5.27千克
有效射程	690米
枪口初速	853米/秒

小 知 识

M21狙击手武器系统被称为M21 Sniper Weapon System，简称为M21 SWS，是一支半自动狙击步枪。枪托采用胡桃木制成，用环氧树脂浸渍。此外，M21曾出现于2000年的美国枪展上，它以优越的性能吸引了众多枪迷的眼球。

美国M25狙击手武器系统

M25狙击手武器系统是美国陆军特种部队和海军特种部队20世纪80年代后期以M14步枪为基础研制的一种狙击手武器系统。

M25狙击手武器系统保留了许多M21狙击手武器系统的特征，都是NM（National Match，国家竞赛）级枪管的M14步枪配麦克米兰的玻璃纤维制枪及改进的导气装置，但M25改用Brookfield瞄准镜座，并用Leupold的瞄准镜代替AR T1和AR T2瞄准镜，新的瞄准镜座也允许使用AN/PVS-4夜视瞄准镜。最早的M25的枪托内有一块钢垫，这个钢垫是让射手在枪托上拆卸或重新安装枪管后不需要给瞄准镜重新归零。但定型的M25取消了钢垫而采用麦克米兰公司生产的M3A枪托。第10特种小队（SFG）的队员和OPS公司一起为M25设计了一个消声器，使步枪在安装消声器后仍然维持有比较高的射击精度。

美国特种作战司令部将M25列为轻型狙击步枪，作为M24狙击手武器系统的辅助狙击步枪。因此，M25并不是用于代替美军装备的旋转后拉式枪机狙击步枪，而是作为狙击手的支援武器。

制造商：美国陆军特种部队、美国海军特种部队

服役时间：1991年至今

枪机种类：转栓式枪机

供弹方式：10/20发可拆式弹匣

基本参数	
口径	7.62毫米
全长	1125毫米
空重	4.9千克
有效射程	900米
枪口初速	800米/秒

小 知 识

M25狙击手武器系统主要供应美国陆军特种部队和海军“海豹”突击队。在1991年的海湾战争中，“海豹”突击队就曾使用其参战。

美国雷明顿M24狙击手武器系统

M24狙击手武器系统是雷明顿700步枪的衍生型之一，主要提供给军队及警察用户，在1988年正式成为美国陆军的制式狙击步枪。

M24狙击手武器系统特别采用碳纤维与玻璃纤维等材料合成的枪身枪托，由弹仓供弹，装弹5发，发射美国M118式7.62毫米特种弹头比赛弹。该枪的精度较高，射程可达1000米，但每打出一颗子弹都要拉动枪栓一次。M24狙击手武器系统对气象物候条件的要求很严格，潮湿空气可能改变子弹方向，而干热空气又会造成子弹打高。为了确保射击精度，该枪设有瞄准具、夜视镜、聚光镜、激光测距仪和气压计等配件，远程狙击命中率较高，但使用较为烦琐。

制造商：雷明顿公司

服役时间：1988年至今

枪机种类：旋转后拉式枪机

供弹方式：5/10发可拆式弹匣

基本参数	
口径	7.62毫米
全长	1092.2毫米
空重	5.5千克
有效射程	800米
枪口初速	853米/秒

美国雷明顿M40狙击步枪

M40狙击步枪是雷明顿700步枪的衍生型之一，是美国海军陆战队自1966年以来的制式狙击步枪，其改进型号目前仍在服役。

早期的M40狙击步枪全部装有Redfield 3～9瞄准镜，但瞄准镜及木制枪托在越南战场的炎热潮湿环境下，出现受潮膨胀等严重问题，导致无法使用。之后的M40A1和M40A3换装了玻璃纤维枪托和Unertl瞄准镜，加上其他功能的改进，逐渐成为性能优异的成熟产品。

制造商：雷明顿公司

服役时间：1966年至今

枪机种类：旋转后拉式枪机

供弹方式：3/4/5/6发可拆式弹匣

基本参数	
口径	7.62毫米
全长	1117毫米
空重	6.57千克
有效射程	900米
枪口初速	777米/秒

小 知 识

M40狙击步枪曾在电影《美国狙击手》中被一名美国海军陆战队狙击手所使用。此外，该枪还在《狙击生死线》中被鲍勃·李·斯瓦格于故事开头时所使用。

美国雷明顿M1903A4狙击步枪

M1903A4狙击步枪是在M1903A3春田步枪的基础上改进而来的，是美军在二战中的制式武器。二战后，美国将M1903A4狙击步枪作为出口武器，许多国家至今依旧用它作为制式武器。

M1903A4狙击步枪配用的两种瞄准镜体积小、重量轻，作战中不容易被碰撞或挂住，可靠性良好。但是在南太平洋诸岛的丛林游击战中，防水性不足的M73B1瞄准镜不能适应高温潮湿的丛林环境，导致水汽侵入镜中后无法瞄准。为了进一步改善M73B1瞄准镜的密封性，开发了防水性良好的瞄准镜。该瞄准镜于1945年初被选作制式，命名为M84瞄准镜，以替换M73B1瞄准镜，但到二战结束为止，只有部分M1903A4狙击步枪改装了M84瞄准镜。

制造商：雷明顿公司

服役时间：1943～1944年

枪机种类：旋转后拉式枪机

供弹方式：5发可拆式弹匣

基本参数	
口径	7.62毫米
全长	1098毫米
空重	3.95千克
有效射程	550米
枪口初速	853米/秒

小知识

M1903A4狙击步枪从1943年6月到1944年2月停止生产为止，雷明顿公司共生产了约28000支M1903A4狙击步枪。

美国雷明顿XM2010增强型狙击步枪

XM2010增强型狙击步枪是以M24狙击手武器系统为蓝本，由雷明顿公司研制的手动狙击步枪。2011年1月18日，美国陆军开始向2500名狙击手发配XM2010增强型狙击步枪。同年3月，美国陆军狙击手开始在阿富汗的作战行动之中使用XM2010增强型狙击步枪。

XM2010增强型狙击步枪被视为是M24狙击手武器系统的"整体转换升级"，包括转换膛室、枪管、弹匣，并增加枪口制退器、消声器，甚至需要新的光学狙击镜、夜视镜以配合新口径的弹道特性。另外还要更换新型枪托，特别是要带有皮卡汀尼导轨，便于安装多种附件。

制造商：雷明顿公司

服役时间：2010年至今

枪机种类：双大型锁耳型毛瑟式旋转后拉枪机

供弹方式：5发可拆式弹匣

基本参数	
口径	7.62毫米
全长	1181毫米
空重	26.68千克
有效射程	1188米
枪口初速	869米/秒

美国雷明顿R11 RSASS狙击步枪

R11 RSASS狙击步枪是由雷明顿公司为了替换美国陆军狙击手、观察手、指定射手及班组精确射手的M24狙击手武器系统而研制的半自动狙击步枪。

为了达到最大精度，R11 RSASS狙击步枪的枪管以416型不锈钢制造，并且经过低温处理，有457.2毫米和558.8毫米两种枪管长度，标准膛线缠距为1：10。枪口上装上了先进武器装备公司（AAC）的制动器，可减轻后坐力并减小射击时枪口的上扬幅度，还可以利用其装上AAC公司的快速安装及拆卸消声器。R11 RSASS狙击步枪没有内置机械瞄具，但有一条MIL-STD-1913战术导轨在枪托底部，平时装上保护套，可按照射手需要用以安装额外的背带或后脚架。

制造商：雷明顿公司

服役时间：2009年至今

枪机种类：转栓式枪机

供弹方式 19/20发可拆式弹匣

基本参数	
口径	7.62毫米
全长	1003毫米
空重	5.44千克
有效射程	1000米
枪口初速	840米/秒

美国雷明顿MSR狙击步枪

MSR狙击步枪是由雷明顿军品分公司所研制、生产及销售的手动狙击步枪，在2009年的SHOT Show（射击、狩猎和户外用品展览）上第一次亮相。

MSR狙击步枪采用了全新设计的旋转后拉式枪机和机匣，取代了雷明顿武器公司著名产品雷明顿700系列步枪所采用的双大型锁耳型毛瑟式枪机和圆形机匣。MSR狙击步枪的枪口上装上了先进武器装备公司的消焰/制动器，可减少后坐力、枪口上扬和枪口焰，并能够利用其装上先进武器装备公司的“泰坦”型快速安装及拆卸消声器。

制造商：雷明顿公司

服役时间：2009年至今

枪机种类：旋转后拉式枪机

供弹方式：5/7/10发可拆式弹匣

基本参数	
口径	7.62毫米
全长	1168毫米
空重	7.71千克
有效射程	1500米
枪口初速	841.25米/秒

美国阿玛莱特AR-30狙击步枪

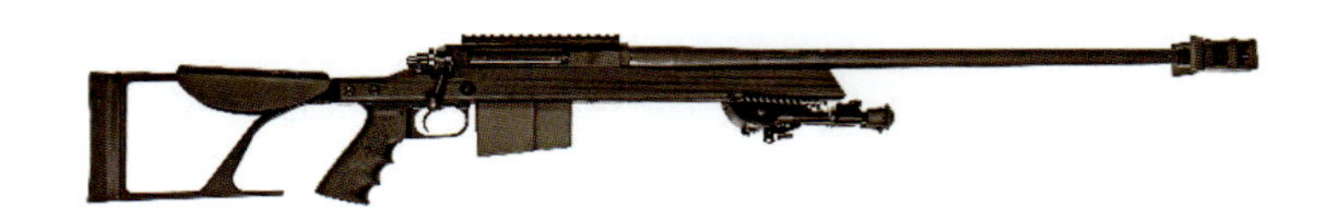

AR－30狙击步枪是阿玛莱特公司于2000年在AR－50狙击步枪的基础上改进设计，并在SHOT Show上公开的。该枪于2002年完成设计，2003年开始生产和对民间市场发售。

AR－30狙击步枪使用哈里斯两脚架和刘波尔德Vari－XⅢ（6.5～20）×50毫米型瞄准镜，在91.4米距离上，平均散布圆直径为3.07厘米。该枪的扳机力小、后坐力小，但制退器有枪口焰现象，且噪音较大。总体来说，AR－30狙击步枪的综合性能好，无论是在军事、执法领域或者是在远距离射击比赛和狩猎运动中，它都有比较好的应用前景。

制造商：阿玛莱特公司

服役时间：2003年至今

枪机种类：旋转后拉式枪机

供弹方式：5发可拆式弹匣

基本参数	
口径	8.6毫米
全长	1199毫米
空重	5.4千克
有效射程	1800米
枪口初速	987米/秒

美国阿玛莱特AR-50狙击步枪

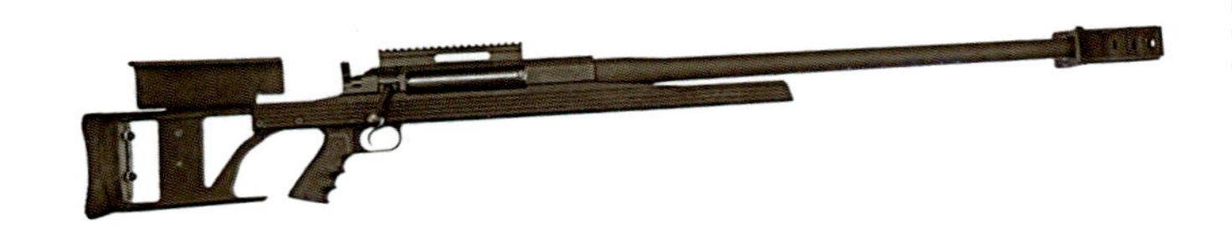

AR-50狙击步枪是由阿玛莱特公司于20世纪末研制及生产的单发旋转后拉式枪机重型狙击步枪。目前，该枪已更新为AR-50A1B，它装有更平滑顺畅的枪机、新型枪机挡和加固型枪口制动器。AR-50A1B是作为一支经济型的长距离射击比赛用枪而设计的，具有令人惊讶的精度，而其巨大的凹槽枪口制动器也使它发射时的后坐力大大减轻。

虽然AR-50狙击步枪是一支高精度的大口径步枪，但只有一发子弹的AR-50无法在短时间内攻击多个目标。所以AR-50仅作为民用，主打低端市场，其销售价格较同类型武器下降约50%。

制造商：阿玛莱特公司

服役时间：1999年至今

枪机种类：旋转后拉式枪机

供弹方式：1发可拆式弹匣

基本参数	
口径	12.7毫米
全长	1511毫米
空重	16.33千克
有效射程	1800米
枪口初速	840米/秒

美国麦克米兰TAC-50狙击步枪

TAC-50狙击步枪是一种军队及执法部门用的狙击武器。2000年，加拿大军队将TAC-50选为制式武器，并重新命名为“C15长程狙击武器”。美国海军“海豹”突击队也采用了该枪，命名为Mk 15狙击步枪。

TAC-50狙击步枪用的是12.7×99毫米北约（NATO）口径子弹，子弹高度和罐装可乐相同，破坏力惊人，狙击手可用来对付装甲车辆和直升机。该枪还因其有效射程远而闻名世界。2002年，加拿大军队的罗布·福尔隆（Rob Furlong）下士在阿富汗某山谷上，以TAC-50狙击步枪在2430米距离击中一名塔利班武装分子RPK机枪手，创出当时最远狙击距离的世界纪录，至2009年11月才被英军下士克雷格·哈里森以2475米的距离打破。

制造商：麦克米兰公司

服役时间：1980年至今

枪机种类：旋转后拉式枪机

供弹方式：5发可拆式弹匣

基本参数	
口径	12.7毫米
全长	1448毫米
空重	11.8千克
有效射程	2000米
枪口初速	850米/秒

美国奈特M110半自动狙击步枪

M110狙击步枪是美国奈特（Knight's Armament Company，简称KAC）公司推出的7.62毫米口径半自动狙击步枪，曾被评为“2007年美国陆军十大发明”之一。2006年底，M110狙击步枪正式成为美军的制式狙击步枪。2007年4月，驻守阿富汗的美国陆军“复仇女神”特遣队成为首个使用M110 SASS狙击步枪作战的部队。

在阿富汗和伊拉克执行作战任务的美军都装备了M110 SASS狙击步枪。有的士兵认为，M110 SASS的半自动发射系统过于复杂，还不如运动机件更少的M24狙击步枪精度高。

制造商：奈特公司

服役时间：2007年至今

枪机种类：转栓式枪机

供弹方式：20发可拆式弹匣

基本参数	
口径	7.62毫米
全长	1029毫米
空重	6.91千克
有效射程	1000米
枪口初速	783米/秒

美国奈特SR-25半自动狙击步枪

SR-25狙击步枪是一款由美国著名枪械设计师尤金·斯通纳基于AR-10自动步枪设计、奈特公司出品的半自动狙击步枪。

SR-25狙击步枪的枪管采用浮置式安装，枪管只与上机匣连接，两脚架安在枪管套筒上，枪管套筒不接触枪管。SR-25狙击步枪没有机械瞄具，所有型号都有皮卡汀尼导轨用来安装各种型号的瞄准镜或者带有机械瞄具的M16A4突击步枪提把（准星在导轨前面）。虽然SR-25狙击步枪主打民用市场，但其性能完全达到了军用狙击步枪的要求，而且SR-25狙击步枪的野外分解和维护比M16突击步枪更加方便，在勤务性能方面也十分出色。

制造商：奈特公司

服役时间：1990年至今

枪机种类：转栓式枪机

供弹方式：5/10/20发可拆式弹匣

基本参数	
口径	7.62毫米
全长	1118毫米
空重	4.88千克
有效射程	600米
枪口初速	853米/秒

美国“风行者”M96狙击步枪

“风行者”M96狙击步枪是由美国EDM武器公司生产的狙击步枪，目前已被一些美军特种部队所采用。除此之外，加拿大军队和土耳其“栗色贝雷帽”特种部队也少量采用了该枪。

尽管“风行者”M96狙击步枪外形很简陋，但EDM武器公司的官方资料宣称其精度很高。该枪被设计成能够在1分钟之内不利用任何工具就能分解成5个或2个部分，从而缩短整体长度以便携带和储存。分解后的“风行者”M96狙击步枪全长不超过813毫米，并能够在战场上快速组装，且精度不变。

制造商：EDM武器公司

服役时间：1996年至今

枪机种类：旋转后拉式枪机

供弹方式：5发可拆式弹匣

基本参数	
口径	12.7毫米
全长	1270毫米
空重	15.42千克
有效射程	1800米
枪口初速	853米/秒

美国SRS狙击步枪

SRS狙击步枪是由美国沙漠战术武器公司（DTA）研制的无托结构手动狙击步枪，在2008年的美国SHOT Show上首次公开展示。目前，该枪已被格鲁吉亚军队所采用。

SRS狙击步枪是为数不多的采用无托结构布局的手动枪机狙击步枪，生产商宣称它比传统型狙击步枪缩短了279.4毫米。由于采用了无托结构，机匣、弹匣和枪机的位置都改为手枪握把后方的枪托内，因此操作上与其他大多数传统式步枪设计略有不同。这种布局也将更多的重量转移到步枪后方，大大提高了武器的平衡性。

制造商：沙漠战术武器公司

服役时间：2008年至今

枪机种类：旋转后拉式枪机

供弹方式：5发可拆式弹匣

基本参数	
口径	8.59毫米
全长	1008毫米
空重	5.56千克
有效射程	1737米
枪口初速	870米/秒

美国SAM-R精确射手步枪

SAM-R是美国海军陆战队班一级单位装备的一种专用的精确射手步枪，是由美国海军陆战队战争实验室经过大量试验后的产物，其名称意为“班用高级神枪手步枪”。

SAM-R精确射手步枪普遍使用M16A4突击步枪改装，下机匣也是标准的M16A4，所以只能进行单发和3发点射。为了提高精度，SAM-R精确射手步枪采用M16A1突击步枪的一道火扳机。枪管是508毫米长的比赛级不锈钢Krieger SS枪管，管前端安装有标准的A2式消焰器。

制造商：美国海军陆战队战争实验室

服役时间：2001年至今

枪机种类：转栓式枪机

供弹方式：20/30发可拆式弹匣

基本参数	
口径	5.56毫米
全长	1000毫米
空重	4.5千克
有效射程	550米
枪口初速	930米/秒

美国M39 EMR精确射手步枪

M39 EMR是美国海军陆战队于2008年以M14步枪的衍生型M14 DMR改装的半自动精确射手步枪。该枪主要装备美国海军陆战队的精确射手及没有侦察狙击手的小队做快速精确射击，而根据任务需要，侦察狙击手有时也会装备该枪作为主要武器以提供比手动步枪更快速的射击速率。该枪也被爆炸物处理小队用作引爆用途。

M39 EMR精确射手步枪的伸缩式金属枪托装有可调式托腮板及可调式枪托底板，M14 DMR原有的手枪式握把也进行了改良，M39 EMR版本更为舒适。M39 EMR的机匣上具有4条MIL-STD-1913导轨，可安装各种对应此导轨的瞄准镜及影像装置，原本M40A3狙击步枪配发的M8541侦察狙击手日用瞄准镜现已成为M39 EMR的套件之一。此外，M39 EMR所采用的改良型两脚架比哈里斯S-L两脚架更为耐用。

制造商：美国海军陆战队

服役时间：2008年至今

枪机种类：转栓式枪机

供弹方式：20发可拆式弹匣

基本参数	
口径	7.62毫米
全长	1120毫米
空重	7.5千克
有效射程	770米
枪口初速	865米/秒

苏联/俄罗斯AK-47突击步枪

AK-47突击步枪是由苏联著名枪械设计师米哈伊尔·季莫费耶维奇·卡拉什尼科夫设计，20世纪50～80年代一直是苏联军队的制式装备。该枪是世界上最著名的步枪之一，制造数量和使用范围极为惊人。

AK-47突击步枪具有结构简单、易于分解、清洁和维修等优点。在沙漠、热带雨林、严寒等极度恶劣的环境下，AK-47仍能保持相当好的效能。该枪的不足之处是全自动射击时枪口上扬严重，枪机框后坐时撞击机匣底，机匣盖的设计导致瞄准基线较短，瞄准具不理想，导致射击精度较差，特别是300米以外难以准确射击，连发射击精度更低。

制造商：伊兹马什公司

服役时间：1949年至今

枪机种类：转栓式枪机

供弹方式：30发可拆式弹匣

基本参数	
口径	7.62毫米
全长	870毫米
空重	4.3千克
有效射程	300米
枪口初速	710米/秒

苏联/俄罗斯AKM突击步枪

AKM突击步枪是由卡拉什尼科夫在AK-47突击步枪基础上改进而来的。作为AK-47突击步枪的升级版，AKM突击步枪更实用，更符合现代突击步枪的要求。时至今日，俄罗斯军队和内务部仍有装备。

AKM突击步枪扳机组上增加的击锤延迟体，从根本上消除了哑火的可能性。此外，AKM突击步枪的下护木两侧有突起，便于控制连射。由于采用了许多新技术，改善了不少AK系列突击步枪的固有缺陷，因此AKM突击步枪比AK-47突击步枪更实用，更符合现代突击步枪的要求。

制造商：伊兹马什公司

服役时间：1959年至今

枪机种类：转栓式枪机

供弹方式：30发可拆式弹匣

基本参数	
口径	7.62毫米
全长	876毫米
空重	3.15千克
有效射程	1000米
枪口初速	715米/秒

小 知 识

AKM突击步枪在装备苏军后，其他华约国家也开始陆续装备并获得生产权，俄罗斯军队和内务部迄今仍有装备，并依旧是原苏联加盟共和国的主要武器，甚至还流向世界各地，同时被政府军、游击队、恐怖组织和军事爱好者广泛使用。

苏联/俄罗斯AK-74突击步枪

AK-74突击步枪是卡拉什尼科夫于20世纪70年代在AKM突击步枪基础上改进而来的，是苏联装备的第一种小口径突击步枪。该枪于1974年开始设计，同年11月7日在莫斯科红场阅兵仪式上第一次出现在大众视野中。时至今日，AK-74突击步枪的使用已有40余年，经过了阿富汗战争和车臣战争的实战考验。

AK-74突击步枪的口径减小，射速提高，后坐力减小。由于使用小口径弹药并加装了枪口装置，AK-74突击步枪的连发散布精度大大提高，不过单发精度仍然较低，而且枪口装置导致枪口焰比较明显，尤其是在黑暗中射击。总体来说，AK-74突击步枪使用方便，未经过训练的人都能很轻松地进行全自动射击。

制造商：伊兹马什公司

服役时间：1974年至今

枪机种类：转栓式枪机

供弹方式：20/30/45发可拆式弹匣

基本参数	
口径	5.45毫米
全长	943毫米
空重	3.3千克
有效射程	500米
枪口初速	900米/秒

俄罗斯AK-101突击步枪

AK-101突击步枪是俄罗斯生产的发射5.56×45毫米弹药的突击步枪，是AK-100系列突击步枪的第一种型号，专为出口市场而设计。由于AK-47突击步枪在世界上的良好声誉，使得AK-101突击步枪在世界各国也有订单。

AK-101突击步枪采用现代化的复合工程塑料技术，装有415毫米枪管、AK-74式枪口制退器，机匣左侧装有瞄准镜座，可加装瞄准镜及榴弹发射器，但发射5.56×45毫米弹药，配备黑色塑料30发弹匣及塑料折叠枪托。

制造商：伊兹马什公司

服役时间：2006年至今

枪机种类：转栓式枪机

供弹方式：30发可拆式弹匣

基本参数	
口径	5.56毫米
全长	943毫米
空重	3.4千克
有效射程	450米
枪口初速	920米/秒

小知识

AK枪族是世界上被生产和使用和仿制最多的枪械之一，据统计，20世纪90年代全世界共有55个国家使用AK枪械。

俄罗斯AK-102突击步枪

AK-102突击步枪是AK-101突击步枪的缩短版本，与之后的AK-104、AK-105突击步枪在设计上都十分相似，唯一的区别是口径和相应的弹匣类型。AK-102突击步枪最大的特点是缩短了枪管，使其成为一种介于全尺寸型步枪和紧凑卡宾枪之间的混合型态。

AK-102突击步枪非常轻巧，主要原因是用能够防振的现代化复合工程塑料取代了旧型号所采用的木材。这种新型塑料结构不但能够应对各种恶劣的气候，而且还可以抵御锈蚀。当然，塑料结构最大的特点是重量更轻。

制造商：伊兹马什公司

服役时间：1994年至今

枪机种类：转栓式枪机

供弹方式：30发可拆式弹匣

基本参数	
口径	5.56毫米
全长	824毫米
空重	3千克
有效射程	500米
枪口初速	850米/秒

俄罗斯AK-103突击步枪

AK-103突击步枪是俄罗斯生产的现代化突击步枪，主要为出口市场而设计，拥有数量庞大的用户，其中包括俄罗斯军队，不过目前只是少量装备。

AK-103突击步枪与AK-74M突击步枪非常相似，它采用现代化复合工程塑料技术，装有415毫米枪管，可加装瞄准镜及榴弹发射器，且有AK-74式枪口制退器。不过，该枪与AK-74M突击步枪的不同之处在于，它发射7.62×39毫米弹药。AK-103突击步枪在重量、后坐力和精准度方面做了极大的改进，后坐力更小，精准度大大提高，其子弹也可以与AK-47和AKM突击步枪通用，是AK枪族中的优秀成员之一。

制造商：伊兹马什公司

服役时间：2006年至今

枪机种类：转栓式枪机

供弹方式：30发可拆式弹匣

基本参数	
口径	7.62毫米
全长	943毫米
空重	3.4千克
有效射程	500米
枪口初速	750米/秒

俄罗斯AK-104突击步枪

AK-104突击步枪是俄罗斯生产的AK-74M突击步枪的缩短版本，主要是替代AKS-74U卡宾枪及解决狭小空间和城市内特种作战的武器选择。AK-104突击步枪出口的数量也相当多，包括也门、不丹和委内瑞拉等。

AK-104突击步枪最大的特点在于缩短了枪管，使其成为一种全尺寸型步枪和更紧凑的AKS-74U卡宾枪之间的一种混合型态。该枪与AK-102突击步枪在结构和外形上极为相似，但两者最大的区别在于口径，AK-102突击步枪发射5.56×45毫米弹药，而AK-104突击步枪则发射7.62×39毫米弹药。

制造商：伊兹马什公司

服役时间：2001年至今

枪机种类：转栓式枪机

供弹方式：30发可拆式弹匣

基本参数	
口径	7.62毫米
全长	824毫米
空重	3千克
有效射程	500米
枪口初速	670米/秒

俄罗斯AK-105突击步枪

AK-105突击步枪是俄罗斯生产的AK-74M突击步枪的缩短版本，用于补充一部分在俄罗斯陆军服役的AKS-74U卡宾枪的耗损空缺。此外，该枪还被亚美尼亚军队采用，于2010年购入480支。

AK-105突击步枪十分轻巧，其主要原因是用能够防振的现代化复合工程塑料取代了旧型号所采用的木材。这种新型塑料结构不仅能够应对各种恶劣的气候，而且还可以抵御锈蚀。AK-105突击步枪可拆式的黑色弹匣由玻璃钢制成，具有轻巧耐用的特点。枪托由聚合物塑料制成，内部为附件储存室，可将清洁枪支的工具盒储存在枪托内部。此外，该枪还安装有AKS-74U型枪口消焰器，并能加装瞄准镜。

制造商：伊兹马什公司

服役时间：2001年至今

枪机种类：转栓式枪机

供弹方式：30发可拆式弹匣

基本参数	
口径	5.45毫米
全长	824毫米
空重	3千克
有效射程	500米
枪口初速	840米/秒

俄罗斯AK-12突击步枪

AK-12突击步枪是伊兹马什公司针对AK枪族的常见缺陷而改进的现代化突击步枪。该枪是AK枪族的最新成员，于2010年公开。2014年12月，俄罗斯国防部宣布AK-12突击步枪通过国家测试，2018年1月，AK-12突击步枪正式被俄罗斯军队采用。

该枪在护木上整合了战术导轨，为了方便安装对应的多种模块化战术配件。在改进为AK-12突击步枪以后，许多结构和细节都进行了重新设计。其中最大的改进是在机匣盖后端和照门的位置增加了固定装置，以便安装MIL-STD-1913战术导轨桥架后避免射击时跳动。

制造商：伊兹马什公司

服役时间：2014年至今

枪机种类：转栓式枪机

供弹方式：30发可拆式弹匣

基本参数	
口径	5.45毫米
全长	945毫米
空重	3.3千克
有效射程	800米
枪口初速	900米/秒

俄罗斯SR-3突击步枪

SR-3突击步枪是由图拉武器工厂生产的一款9毫米口径紧凑型全自动突击步枪。该枪被俄罗斯联邦安全局、俄罗斯联邦警卫局等部门正式采用，主要用于保护重要人员。

SR-3突击步枪采用上翻式调节的机械瞄准具，射程分别设定为攻击100米和200米以内的目标，准星和照门都装有护翼以防损坏。但由于该枪的瞄准基线过短，且亚音速子弹的飞行轨弯曲度太大，所以其实际有效射程仅为100米。不过这种9×39毫米亚音速步枪弹的贯穿力比冲锋枪和短枪管卡宾枪厉害许多，可以在200米距离上贯穿8毫米厚的钢板。

制造商：图拉武器工厂

服役时间：1996年至今

枪机种类：转栓式枪机

供弹方式：10/20/30发可拆式弹匣

基本参数	
口径	9毫米
全长	610毫米
空重	2千克
有效射程	200米
枪口初速	295米/秒

小 知 识

SR-3 突击步枪最初配备10发和20发可拆卸式弹匣，后来根据用户要求又研制了容量更大的新型30发聚合物制或钢制可拆卸式弹匣。

俄罗斯AN-94突击步枪

AN-94是俄罗斯现役现代化小口径突击步枪，由根纳金·尼科诺夫于1994年研制，1997年开始服役。

AN-94突击步枪的精准度极高，在100米距离上站姿无依托连发射击时，头两发弹着点距离不到2厘米，远胜于SVD狙击步枪发射专用狙击弹的效果，甚至能以高精度著称的SV98狙击步枪相媲美。但是这种高精准度并不是所有士兵都需要，对于俄罗斯普通士兵来说，AN-94突击步枪的两发点射并没有多大帮助。而且现代战争中突击步枪多用于火力压制，AN-94突击步枪与AK-74突击步枪所发挥的作用并没有太多差别。

制造商：伊热夫斯克机械制造厂

服役时间：1997年至今

枪机种类：气动式

供弹方式：30/45发可拆式弹匣

基本参数	
口径	5.45毫米
全长	943毫米
空重	3.85千克
有效射程	700米
枪口初速	900米/秒

小知识

虽然AN-94突击步枪的内部结构虽然精细，但其外表处理比较粗糙，非常容易磨破衣服或者擦伤皮肤。

苏联/俄罗斯SVD狙击步枪

SVD狙击步枪是由苏联设计师德拉贡诺夫在1958~1963年间研制的半自动狙击步枪，也是现代首支为支援班排级狙击与长距离火力支援用途而专门制造的狙击步枪。

SVD狙击步枪是苏联军队的主要精确射击装备。但由于苏军狙击手是随同大部队执行支援任务，而不是以小组进行渗透、侦察、狙击以及反器材/物资作战，所以SVD狙击步枪发挥的作用有限，仅仅将班排单位的有效射程提升到800米，更远距离的射击能力则受限于其光学器材与枪支性能。即便如此，SVD狙击步枪的可靠性仍然是公认的，这使它得到了长期而广泛的使用，在许多局部冲突中都曾出现。

制造商：伊兹马什公司

服役时间：1963年至今

枪机种类：转栓式枪机

供弹方式：10发可拆式弹匣

基本参数	
口径	7.62毫米
全长	1225毫米
空重	4.3千克
有效射程	800米
枪口初速	830米/秒

苏联/俄罗斯VSS微声狙击步枪

VSS微声狙击步枪是AS突击步枪的狙击型，两者是同一系列的武器，也是由彼德罗·谢尔久科领导的小组研制。VSS自20世纪80年代投入使用，在车臣作战的俄罗斯特种部队经常使用这种武器，2004年“别斯兰人质危机”中俄罗斯特种部队也有采用。

VSS微声狙击步枪取消了独立小握把，改为框架式的木制运动型枪托，枪托底部有橡胶底板。VSS微声狙击步枪的标准配备是10发弹匣，也能发射SP-5普通弹，但主要是发射SP-6穿甲弹。

制造商：图拉武器工厂

服役时间：1987年至今

枪机种类：转栓式枪机

供弹方式：10/20发可拆式弹匣

基本参数	
口径	9毫米
全长	894毫米
空重	2.6千克
有效射程	400米
枪口初速	290米/秒

俄罗斯SVDK狙击步枪

SVDK狙击步枪是SVD狙击步枪的衍生型之一，它继承了SVD狙击步枪的精髓设计，并在局部加以改进。SVDK狙击步枪发射俄罗斯新研制的9.3×64毫米7N33穿甲弹，针对的目标是穿着重型防弹衣或躲藏在掩体后面的敌人。

SVDK狙击步枪的弹匣容量为10发，护木前方配有可折叠的两脚架。在外形上，SVDK狙击步枪的枪管、消焰器和弹匣形状都与SVDS狙击步枪不相同，因此很容易区分。SVDK狙击步枪可作为一种轻便的反器材步枪使用，其优点是比普通的反器材步枪要轻便得多，但缺点是效费比高，因为它的威力远比不上12.7毫米的大口径步枪，射程也比大口径步枪近得多。

制造商：中央研究精密机械制造局

服役时间：2006年至今

枪机种类：三锁耳转栓式枪机

供弹方式：10发可拆式弹匣

基本参数	
口径	9.3毫米
全长	1250毫米
空重	6.5千克
有效射程	700米
枪口初速	780米/秒

俄罗斯SVU狙击步枪

SVU狙击步枪是以SVD狙击步枪为蓝本研制和生产的无托结构狙击步枪，是SVD狙击步枪的无托结构配置版本。SVU狙击步枪在车臣战争期间被第一次使用。最初的计划是稍微对老化的SVD狙击步枪做现代化改造，但设计师最终意识到该武器的配置会被完全改变，因而研制出SVU狙击步枪。

SVU狙击步枪采用犊牛式设计，枪身全长缩短至870毫米。由于枪身缩短，照门与准星均改为折叠式，以免干扰PSO-1瞄准镜操作。虽然7.62×54毫米R子弹威力绰绰有余，但是为了抑制反冲并增加射击稳定度，SVU狙击步枪的枪口制动器采用三重挡设计并且能够与抑制器整合在一起。为了适合在近距离战斗中使用，在枪口上还有特制的消声消焰装置。

制造商：运动及狩猎武器中央设计研究局

服役时间：1994年至今

枪机种类：三锁耳转栓式枪机

供弹方式：10发可拆式弹匣

基本参数	
口径	7.62毫米
全长	870毫米
空重	3.6千克
有效射程	800米
枪口初速	800米/秒

俄罗斯SV-98狙击步枪

SV-98狙击步枪是由俄罗斯枪械设计师弗拉基米尔·斯朗斯尔研制、伊热夫斯克机械制造厂生产的手动狙击步枪，以高精度著称。SV-98狙击步枪的射击精度远高于发射同种枪弹的SVD狙击步枪，甚至不逊于以高精度闻名的奥地利TPG-1狙击步枪。不过，SV-98狙击步枪保养比较烦琐，使用寿命较短。

SV-98狙击步枪的战术定位专一而明确：专供特种部队、反恐部队及执法机构在反恐行动、小规模冲突以及抓捕要犯、解救人质等行动中使用，以隐蔽、突然的高精度射击火力狙杀白天或低照度条件下1000米以内、夜间500米以内的重要有生目标。

制造商：伊热夫斯克机械制造厂

服役时间：1998年至今

枪机种类：旋转后拉式枪机

供弹方式：10发可拆式弹匣

基本参数	
口径	7.62毫米
全长	1200毫米
空重	5.8千克
有效射程	1000米
枪口初速	820米/秒

俄罗斯VSK-94微声狙击步枪

VSK-94狙击步枪是俄罗斯研制的一种小型微声狙击步枪，体积娇小，非常适合特种部队使用，因此该枪在俄罗斯特种部队有很高的声誉。

VSK-94狙击步枪发射9×39毫米子弹，能准确地对400米距离内的所有目标发动突击。该枪能安装高效消声器，以便在射击时减小噪音，还能完全消除枪口火焰，可以大大提高射手的隐蔽性和攻击的突然性。在50米的距离上，它的枪声几乎是听不见的。

制造商：KBP仪器设计厂

服役时间：1994年至今

枪机种类：转栓式枪机

供弹方式：20发可拆式弹匣

基本参数	
口径	9毫米
全长	932毫米
空重	2.8千克
有效射程	400米
枪口初速	270米/秒

英国L42A1狙击步枪

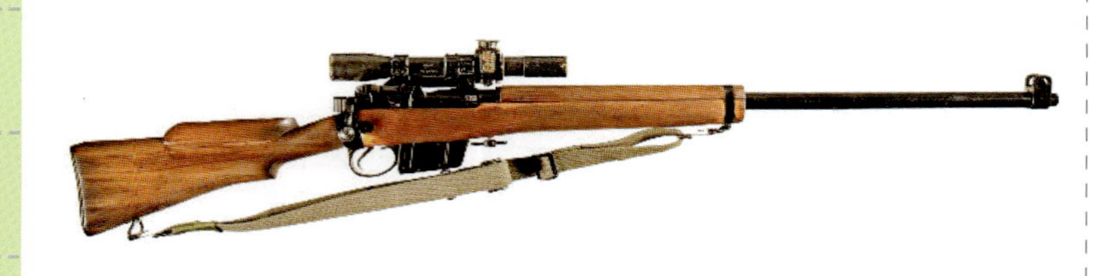

L42A1狙击步枪是在李-恩菲尔德No.4 Mk I (T)狙击步枪的基础上变换口径而成的，1970年开始批量生产并进入英国军队服役。与此同时，英国皇家轻武器工厂也改装了L42A1狙击步枪的民用型，被称为“强制者”（Enforcer），不但被民间用于射击比赛，还被英国的警察部队所装备。

早期的枪管采用传统的恩菲尔德膛线，后来改为梅特福膛线，所以后期的枪管比较便宜和容易生产。L42A1狙击步枪使用恩菲尔德式弹匣抛壳挺，抛壳挺位于弹匣口后左侧的边缘上。这样的设计使机匣内的固定抛壳挺显得多余。另外机匣也稍加改变，以使新的弹匣插入后能准确定位并保证供弹可靠。

制造商：恩菲尔德兵工厂

服役时间：1970年至今

枪机种类：旋转后拉式枪机

供弹方式：10发可拆式弹匣

基本参数	
口径	7.62毫米
全长	1181毫米
空重	4.42千克
有效射程	914米
枪口初速	838米/秒

英国PM狙击步枪

PM狙击步枪是英国精密国际公司“北极作战”（Arctic Warfare，AW）系列的原型枪，主要有步兵用、警用和隐藏式三种。英军购买了超过1200支步兵用PM狙击步枪，并将其命名为L96。

英军在为新型狙击步枪招标时的要求极高，在600米射程首发命中率要达到百分之百，1000米射程内要获得很好的射击效果，必须采用10发可拆卸弹匣。PM狙击步枪能在包括帕克黑尔M85狙击步枪在内的众多竞争中脱颖而出，其作战性能势必要达到甚至超越英军的选型标准。

制造商：英国精密国际公司

服役时间：1982年至今

枪机种类：旋转后拉式枪机

供弹方式：10发可拆式弹匣

基本参数	
口径	7.62毫米
全长	1194毫米
空重	6.5千克
有效射程	800米
枪口初速	330米/秒

英国帕克黑尔M82狙击步枪

帕克黑尔M82狙击步枪是由英国帕克黑尔公司（Parker Hale）以1200TX打靶步枪改进而成的军用版本手动狙击步枪，不仅能够供军用，还可供治安部队使用，甚至还能作为射手训练步枪和比赛用运动步枪。

帕克黑尔M82狙击步枪的自由浮动式重型枪管用镍铬钢冷锻而成，约2千克重。这种枪管的强度比普通枪管高5%～10%，提高了耐磨损性能。击发机构为一个独立的组件，带有调整扳机拉力或磨耗的调节装置。保险装置按三联作用方式锁定扳机、枪机和击发阻铁。

制造商：帕克黑尔公司

服役时间：1972～2003年

枪机种类：旋转后拉式枪机

供弹方式：4发可拆式弹匣

基本参数	
口径	7.62毫米
全长	1162毫米
空重	4.8千克
有效射程	800米
枪口初速	840米/秒

英国帕克黑尔M85狙击步枪

M85狙击步枪是英国帕克黑尔公司参加英国陆军新一代狙击步枪招标时推出的产品。该枪性能优异，但最终以轻微的差距败于精密国际PM狙击步枪。

M85狙击步枪枪机的长度与德国毛瑟98式步枪的枪机一样，但拉机柄加长，并稍微向后倾斜。机匣用铸钢制成，左侧和上部完全封闭，只有一个侧面抛壳口。在机匣横梁上增加了两个支座，以保护和固定可以下翻的瞄准具。该枪枪管较重，与机匣螺接在一起。M85狙击步枪配有机械瞄准具和光学瞄准镜，还能安装微光瞄准镜。

制造商：帕克黑尔公司

服役时间：1972～2003年

枪机种类：旋转后拉式枪机

供弹方式：10发可拆式弹匣

基本参数	
口径	7.62毫米
全长	1151毫米
空重	5.7千克
有效射程	900米
枪口初速	1160米/秒

小 知 识

目前M85狙击步枪已经停产，但仍然英军中服役，随着狙击技术的发展，在不久的将来会被更先进的狙击步枪系统所取代。

英国AW50狙击步枪

AW50狙击步枪是AW系列狙击步枪的衍生型之一，是一支远程精确手动式狙击步枪，可视为AW/L96A1狙击步枪的大型化版本，1997年开始批量生产并进入军队服役。该枪是为了摧毁多种目标而设计的，包括雷达装置、轻型汽车（包括轻型装甲车）、野战工事、船只、弹药库和油库。

AW50狙击步枪是一支非常沉重的武器，连接两脚架时重达15千克，大约是一支典型的突击步枪的4倍。不过，凭借枪口制动器、枪托内部的液压缓冲系统和橡胶制造的枪托底版，AW50狙击步枪的后坐力被控制在可接受的范围内，并大大提高了精准度。据说，AW50狙击步枪能在914.4 米的距离上达到1MOA的精度。

制造商：英国精密国际公司

服役时间：1997年至今

枪机种类：旋转后拉式枪机

供弹方式：5发可拆式弹匣

基本参数	
口径	12.7毫米
全长	1420毫米
空重	13.5千克
有效射程	800米
枪口初速	936米/秒

英国AS50狙击步枪

AS50是精密国际公司研制的重型半自动狙击步枪（反器材步枪），也是AW系列狙击步枪的衍生型之一，主要用以打击敌方物资和无装甲或轻装甲作战装备的敌人。

AS50狙击步枪采用了气动式半自动枪机和枪口制动器，令其发射时能感受到的后坐力比AW50手动枪机狙击步枪低，并能够更快地狙击下一个目标。该枪还具有可运输性高，符合人体工效和轻便等优点。它能够在不借助任何工具的情况下于3分钟之内完成分解或重新组装。据说AS50狙击步枪可以对超过1500米距离的目标进行精确狙击，精度不低于1.5MOA。

制造商：英国精密国际公司

服役时间：2007年至今

枪机种类：半自动偏移式枪机

供弹方式：5/10发可拆式弹匣

基本参数	
口径	12.7毫米
全长	1369毫米
空重	12.3千克
有效射程	1500米
枪口初速	800米/秒

小知识

AS50狙击步枪射程远、出弹快、后坐力小，所以它是当今最尖端的武器之一。

德国Kar98k半自动步枪

Kar98k步枪是由Gew 98毛瑟步枪改进而来的半自动步枪，是二战中德国军队广泛装备的制式步枪，也是战争期间产量最多的轻武器之一。

Kar98k步枪的用途较多，可加装4倍、6倍光学瞄准镜作为狙击步枪投入使用。Kar98k共生产了近13万支并装备部队，还有相当多精度较好的Kar98k被挑选出来改装成狙击步枪。此外，Kar98k还能够加装枪榴弹发射器以发射枪榴弹。这些特性使Kar98k成为德军在二战中期间使用最广泛的步枪。

制造商：毛瑟公司

服役时间：1935年至今

枪机种类：闭锁式机构

供弹方式：5发可拆式弹匣

基本参数	
口径	7.92毫米
全长	1110毫米
空重	3.7千克
有效射程	500米
枪口初速	760米/秒

德国StG44突击步枪

StG44突击步枪是德国在二战时期研制并装备的一款突击步枪，是首先使用了短药筒的中间型威力枪弹并大规模装备的自动步枪，为现代步兵史上划时代的成就之一。

StG44突击步枪具有冲锋枪的猛烈火力，连发射击时后坐力小，易于掌握，在400米距离内拥有良好的射击精度，威力也接近普通步枪弹，且重量较轻，便于携带。此外，该枪成功地将步枪与冲锋枪的特性相结合，受到了德国前线部队的广泛好评。

制造商：黑内尔公司

服役时间：1944～1945年

枪机种类：长行程活塞气动式

供弹方式：30发可拆式弹匣

基本参数	
口径	7.92毫米
全长	940毫米
空重	4.62千克
有效射程	300米
枪口初速	685米/秒

德国HK G3突击步枪

G3突击步枪是德国HK公司于20世纪50年代以StG45突击步枪为基础所改进的现代化突击步枪，是世界上制造数量最多、使用最广泛的自动步枪之一。

G3突击步枪采用半自由枪机式工作原理，零部件大多是冲压件，机加工件较少。机匣为冲压件，两侧压有凹槽，起导引枪机和固定枪尾套的作用。枪管装于机匣之中，并位于机匣的管状节套的下方。管状节套点焊在机匣上，里面容纳装填杆和枪机的前伸部。装填拉柄在管状节套左侧的导槽中运动，待发时可由横槽固定。该枪采用机械瞄准具，并配有光学瞄准镜和主动式红外瞄准具。

制造商：HK公司

服役时间：1959年至今

枪机种类：滚轮延迟反冲式

供弹方式：5/10/20发可拆式弹匣

基本参数	
口径	7.92毫米
全长	1026毫米
空重	4.41千克
有效射程	700米
枪口初速	800米/秒

德国HK G36突击步枪

G36突击步枪是德国HK公司在20世纪末推出的现代化突击步枪，是德国联邦国防军自1995年以来的制式步枪。

G36突击步枪大量使用高强度塑料，重量较轻、结构合理、操作方便，“模块化”设计大大提高了它的战术性能。其模块化优势体现在只用一个机匣，变换枪管、前护木就能组合成MG36轻机枪、G36C短突击步枪、G36E出口型、G36K特种部队型和G36标准型等多种不同用途的突击步枪。由于步枪的射击活动部件大都在机匣内，多种枪型使用同一机匣，步枪的零配件大为减少。在战场上，轻机枪的枪机打坏了，换上短突击步枪的枪机就可以使用。

制造商：HK公司

服役时间：1997年至今

枪机种类：转栓式枪机

供弹方式：30发可拆式弹匣

基本参数	
口径	5.56毫米
全长	940毫米
空重	3.63千克
有效射程	800米
枪口初速	920米/秒

德国HK416突击步枪

HK416是HK公司结合G36突击步枪和M4卡宾枪的优点设计成的一款突击步枪。采用短冲程活塞传动式系统，枪管由冷锻碳钢制成，拥有很强的寿命。该枪的机匣及护木设有共5条战术导轨以安装附件，采用自由浮动式前护木，整个前护木可完全拆下，改善空枪质量分布。

枪托底部设有降低后坐力的缓冲塑料垫，机匣内有泵动活塞缓冲装置，有效减少后坐力和污垢对枪机运动的影响，从而提高武器的可靠性，另外也设有备用的新型金属照门。HK416突击步枪还配有只能发射空包弹的空包弹适配器，以杜绝误装实弹而引发的安全事故。

制造商：HK公司

服役时间：2005年至今

枪机种类：转栓式枪机

供弹方式：20/30发可拆式弹匣

基本参数	
口径	5.56毫米
全长	797毫米
空重	3.02千克
有效射程	300米
枪口初速	788米/秒

小 知 识

在游戏《战地之王》中，HK416是一款射速快、威力大的突击步枪，但缺点是射程较低，所以对较远距离的战斗而言该枪的射程值是远远不够的。

德国HK417精确射手步枪

HK417精确射手步枪是德国HK公司所推出的7.62毫米步枪，具有准确度高和可靠性高等优点，主要用于与狙击步枪做高低搭配，必要时仍可做全自动射击。HK417精确射手步枪目前已装备世界各国多个军警单位。

HK417精确射手步枪采用短冲程活塞传动式系统，比AR－10突击步枪、M16突击步枪及M4卡宾枪的导气管传动式更可靠，有效减低维护次数，从而提高效能。早期的HK417精确射手步枪采用来自G3突击步枪、没有空仓挂机功能的20发金属弹匣，后期改用了类似G36突击步枪的半透明聚合塑料弹匣，这种弹匣除了具空枪挂机功能外，更可以直接并联相同弹匣而无须外加弹匣并联器。

制造商：HK公司

服役时间：2005年至今

枪机种类：转栓式枪机

供弹方式：10/20发可拆式弹匣

基本参数	
口径	7.62毫米
全长	1085毫米
空重	4.23千克
有效射程	300米
枪口初速	789米/秒

德国HK G28狙击步枪

G28狙击步枪实际上是民用比赛型步枪MR308的衍生型，在2011年10月法国巴黎召开的国际军警保安器材展上第一次公开展出，其后再在2012年1月的SHOT Show上推出。G28狙击步枪主要用于装备部队特等射手，以弥补5.56×45毫米北约制式口径步枪在400米以上杀伤力空白。

G28狙击步枪采用短冲程活塞传动式系统，比AR－10突击步枪、M16突击步枪及M4卡宾枪的导气管传动式更可靠，有效减低维护次数，从而提高效能。该枪的枪管并非自由浮置式，但护木则是自由浮置式结构。这样的结构设计也是为了尽量减少外部零件对枪管的影响，从而提高射击精度。

制造商：HK公司

服役时间：2011年至今

枪机种类：转栓式枪机

供弹方式：10/20发可拆式弹匣

基本参数	
口径	7.62毫米
全长	1082毫米
空重	5.8千克
有效射程	800米
枪口初速	785米/秒

德国PSG-1狙击步枪

PSG-1狙击步枪是德国HK公司研制的半自动狙击步枪，是世界上最精确的狙击步枪之一。虽然该枪的精准度较高且威力大，但并不适合移动使用，因此主要用于远程保护。

PSG-1狙击步枪的精度极佳，出厂试验时每一支步枪都要在300米距离上持续射击50发子弹，而弹着点必须散布在直径8厘米的范围内。这些优点使PSG-1狙击步枪受到广泛赞誉，通常和精锐狙击作战单位联系在一起。PSG-1狙击步枪的缺点在于重量较大，不适合移动使用。此外，其子弹击发之后弹壳弹出的力量相当大，据说可以弹出10米之远。虽然对于警方的狙击手来说不是个问题，但很大程度上限制了其在军队的使用，因为这非常容易暴露狙击手的位置。

制造商：HK公司

服役时间：1972年至今

枪机种类：滚轮延迟反冲式

供弹方式：5/20发可拆式弹匣

基本参数	
口径	7.62毫米
全长	1200毫米
空重	8.1千克
有效射程	1000米
枪口初速	868米/秒

德国MSG90狙击步枪

MSG90狙击步枪是德国HK公司研制的半自动军用狙击步枪。该枪采用了直径较小、重量较轻的枪管，在枪管前端接有一个直径22.5毫米的套管，以增加枪口的重量，在发射时抑制枪管振动。另外，由于套管的直径与PSG-1狙击步枪的枪管一样，所以MSG90狙击步枪能够安装PSG-1狙击步枪所用的消声器。MSG90狙击步枪未装机械瞄准具，只配有放大率为12倍的瞄准镜，其分划为100~800米。机匣上还配有瞄准具座，可以安装任何北约制式夜视瞄准具或其他光学瞄准镜。与PSG-1狙击步枪一样，MSG90狙击步枪也可以选用两脚架或三脚架支撑射击，虽然三脚架更加稳定，但作为野战步枪，两脚架更适合。

制造商：HK公司

服役时间：1990年至今

枪机种类：滚轮延迟反冲式

供弹方式：5/20发可拆式弹匣

基本参数	
口径	7.62毫米
全长	1165毫米
空重	6.4千克
有效射程	800米
枪口初速	800米/秒

德国DSR-1狙击步枪

DSR－1狙击步枪是由德国DSR精密公司研制的紧凑型无托狙击步枪，主要供警方神射手使用。

DSR－1狙击步枪大量采用了高技术材料，如铝合金、钛合金、高强度玻璃纤维复合材料，不仅减轻了重量，还保证了武器的坚固性和可靠性。该枪的精度很高，据说能小于0.2MOA。对于旋转后拉式步枪来说，采用无托结构由于拉机柄的位置太靠后，造成拉动枪机的动作幅度较大和用时较长，但由于DSR－1狙击步枪的定位是警用狙击步枪，强调首发命中而非射速，用在正确的场合时这个缺点并不明显。

制造商：DSR精密公司

服役时间：2000年

枪机种类：旋转后拉式枪机

供弹方式：4/5发可拆式弹匣

基本参数	
口径	7.62毫米
全长	990毫米
空重	5.9千克
有效射程	800~1500米
枪口初速	340米/秒

小知识

2015年，在电影《使命召唤》中，DSR－1狙击步枪被一名神射手在西班牙巴塞罗那的乡村庄园的交火中所使用。

德国WA 2000狙击步枪

WA 2000狙击步枪由卡尔·瓦尔特公司于20世纪70年代末至80年代初研制，是完全以军警狙击手需要为唯一目标的全新设计。1982年首次亮相，其后被德国和几个欧洲国家的特警单位少量采用，目前已停产。

WA 2000狙击步枪在设计时考虑到能对多个目标进行远距离打击的需要，因此并没有采用手动装填，而是采用半自动装填。一般半自动狙击步枪的射击精度会比手动狙击步枪要低一些，但由于WA 2000狙击步枪的生产质量极高，因此其射击精度甚至能与手动狙击步枪相媲美。

制造商：卡尔·瓦尔特公司

服役时间：1970~1988年

枪机种类：滚转式枪机

供弹方式：6发可拆式弹匣

基本参数	
口径	7.62毫米
全长	905毫米
空重	7.35千克
有效射程	800米
枪口初速	980米/秒

法国 FAMA突击步枪

FAMAS突击步枪由法国轻武器专家保罗·泰尔于1967年开始研制，是法国军队及警队的制式突击步枪，也是世界上著名的无托式步枪之一。FAMAS突击步枪在1991年参与了“沙漠风暴”行动及其他维持和平行动，法国军队认为其在战场上非常可靠。不管是在近距离的突发冲突还是中远距离的点射，FAMAS突击步枪都有着优良的表现。该枪有单发、三发点射和连发三种射击方式，射速较快，弹道非常集中。

FAMAS突击步枪不需要安装附件即可发射枪榴弹，地面武器工业公司还专门研究了有俘弹器的枪榴弹，因此不需要专门换空包弹就能够直接用实弹发射。不过，FAMAS突击步枪的子弹太少，火力持续性差。瞄准基线较高，如果加装瞄准镜会更高，不利于隐蔽。

制造商：地面武器工业公司

服役时间：1975年至今

枪机种类：杠杆延迟反冲式

供弹方式：25发可拆式弹匣

基本参数	
口径	5.56毫米
全长	757毫米
空重	3.8千克
有效射程	450米
枪口初速	925米/秒

法国FR-F1狙击步枪

FR－F1狙击步枪是GIAT在MAS 36手动步枪和MAS 49/56半自动步枪的基础上改进而来的狙击步枪，曾是法国军队的制式武器，主要是作为步兵分队的中、远程狙击武器，打击重点目标。

FR－F1狙击步枪只能进行单发射击。枪口装有兼作制动器的消焰装置。由于FR－F1狙击步枪有两种口径，为了方便部队使用，在发射不同枪弹的步枪的机匣左侧刻有“7.5mm”或“7.62mm”字样，以示区别。该枪的枪托用胡桃木制成，底部有硬橡胶托底板。

制造商：地面武器工业公司

服役时间：1965～1989年

枪机种类：手动枪机

供弹方式：10发可拆式弹匣

基本参数	
口径	7.5/7.62毫米
全长	1200毫米
空重	5.2千克
有效射程	800米
枪口初速	780米/秒

法国FR-F2狙击步枪

FR－F2狙击步枪是FR－F1狙击步枪的改进型。由于FR－F2的射击精度很高，从20世纪90年代开始便成为法国反恐怖部队的主要装备之一，用于在较远距离上打击重要目标，如恐怖分子中的主要人物、劫持人质的要犯等。

FR－F2狙击步枪的基本结构如枪机、机匣、发射机构都与FR－F1狙击步枪一样。主要改进之处是改善了武器的人机工效，如在前托表面覆盖无光泽的黑色塑料；两脚架的架杆由两节伸缩式架杆改为三节伸缩式架杆，以确保枪在射击时的稳定，有利于提高命中精度。

制造商：地面武器工业公司

服役时间：1985年至今

枪机种类：旋转后拉式枪机

供弹方式：10发可拆式弹匣

基本参数	
口径	7.62毫米
全长	1200毫米
空重	5.3千克
有效射程	800米
枪口初速	820米/秒

奥地利AUG突击步枪

AUG突击步枪是由奥地利斯泰尔·曼利夏（Steyr Mannlicher）公司于1977年推出的突击步枪，它是史上第一次正式列装、实际采用犊牛式设计的军用自动步枪。

AUG突击步枪将以往多种已知的设计理念聪明地组合起来，结合成一个可靠美观的整体。它是当时少数拥有模组化设计的步枪，其枪管可快速拆卸，并可与枪族中的长管、短管、重管互换使用。在奥地利军方的对比试验中，AUG突击步枪的性能表现可靠，而且在射击精度、目标捕获和全自动射击的控制方面表现优秀，与FN CAL突击步枪（比利时）、Vz58突击步枪（捷克斯洛伐克/捷克）、M16A1自动步枪（美国）等著名步枪相比也毫不逊色。

制造商：斯泰尔·曼利夏公司

服役时间：1979年至今

枪机种类：转栓式枪机

供弹方式：30发可拆式弹匣

基本参数	
口径	5.56毫米
全长	790毫米
空重	3.6千克
有效射程	500米
枪口初速	970米/秒

小知识

在游戏《穿越火线》中，AUG是一款性能优良的突击步枪，其最大特点是装有瞄准镜，非常时刻中远距离上的点射，其总体性能相当稳定。

奥地利TPG-1狙击步枪

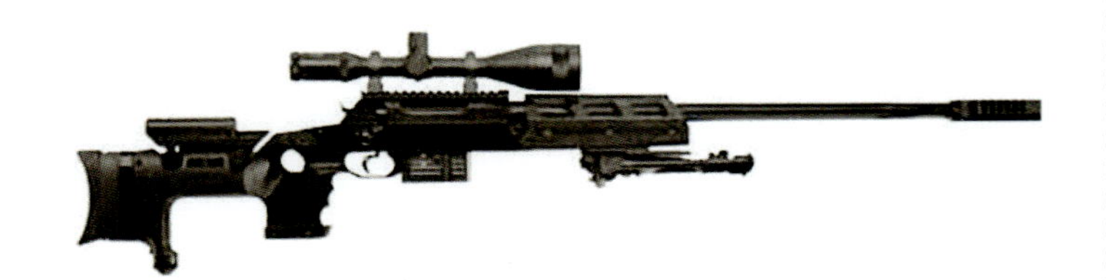

TPG-1狙击步枪是奥地利尤尼科·阿尔皮纳公司生产的模块化、多种口径设计、高度战术应用的竞赛型手动狙击步枪。除了极高的射击精度，TPG-1狙击步枪的最大特点就是模块化。

TPG-1狙击步枪的枪托是聚合物制成的，并且是可调式的。护木下装有两脚架，上机匣设有皮卡汀尼导轨，可以安装各种光学瞄准镜。比赛级的枪管前面通常装有高效的制动器，某些型号还有带消音器的短枪管可选。此外，TPG-1狙击步枪具有不同口径的多种型号，通过更换枪管和枪机组件即可快速实现不同型号之间的转换。

制造商：尤尼科·阿尔皮纳公司

服役时间：2000～2014年

枪机种类：旋转后拉式枪机

供弹方式：5发可拆式弹匣

基本参数	
口径	8.59毫米
全长	1230毫米
空重	6.2千克
有效射程	1500米
枪口初速	870米/秒

奥地利SSG 04狙击步枪

SSG 04狙击步枪是奥地利斯泰尔·曼利夏公司在SSG 69狙击步枪基础上研制的旋转后拉式枪机狙击步枪，目前，爱尔兰警察加尔达紧急应变小组和俄罗斯海军空降特种部队都采用了该枪。

SSG 04狙击步枪采用浮置式重型枪管，枪口装有制动器。整支枪的外部经过黑色磷化处理，以改进外貌、增强耐久性、提高抗腐蚀性以及加强抗脱色能力以减少在夜间行动时被发现的可能。该枪使用工程塑料制成的枪托，配备可调整高低的托腮板和枪托底板以适合使用者身材。枪托表面去除了SSG 69狙击步枪的花纹，其目的是让握持更加舒适。

制造商：斯泰尔·曼利夏公司

服役时间：2004年至今

枪机种类：旋转后拉式枪机

供弹方式：8/10发可拆式弹匣

基本参数	
口径	7.62毫米
全长	1175毫米
空重	4.9千克
有效射程	800米
枪口初速	860米/秒

奥地利SSG 69狙击步枪

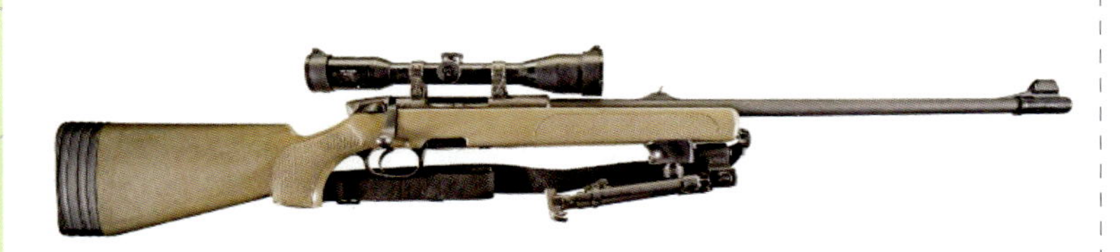

SSG 69狙击步枪是奥地利斯泰尔·曼利夏公司研制的旋转后拉式枪机狙击步枪，目前是奥地利陆军的制式狙击步枪，也被不少执法机关所采用。

SSG 69狙击步枪的枪托用合成材料制成，托底板后面的缓冲垫可以拆卸，因此枪托长度可以调整。供弹具为曼利夏运动步枪和军用步枪使用多年的旋转式弹仓，可装弹5发。SSG 69狙击步枪无论在战争还是大大小小的国际比赛之中都证明了它是一支非常精确的步枪，因为SSG 69狙击步枪的精准度大约是0.5MOA，大大超出奥地利军队最初提出的狙击步枪设计指标。

制造商：斯泰尔·曼利夏公司

服役时间：1970年至今

枪机种类：旋转后拉式枪机

供弹方式：5发可拆式弹匣

基本参数	
口径	7.62毫米
全长	1140毫米
空重	3.9千克
有效射程	800米
枪口初速	860米/秒

奥地利Scout狙击步枪

20世纪80年代，美国海军陆战队退役的枪械专家杰夫·库珀提出了一种叫做“向导步枪”（General-Purpose Rifle）的构思，并定义出这种命名为“Scout Rifle”通用步枪的规格，包括便于携带、个人操作的武器，能击倒体重200千克的有生目标，最大长度为1米，总重不超过3千克等。90年代初，奥地利斯泰尔·曼利夏公司根据这一要求研制出Scout狙击步枪。

Scout狙击步枪的枪机头有4个闭锁凸笋，开锁动作平滑迅速。枪机尾部有待击指示器，当处于待击位置时向外伸出，夜间能够用手触摸到。Scout狙击步枪的枪托由树脂制成，重量很轻。枪托下有容纳备用弹匣的插槽和附件室，枪托前方有整体式两脚架，向下压脚架释放钮就可以打开两脚架。其弹匣容量为5发，由合成树脂制成，弹匣两侧有卡笋。

制造商：斯泰尔·曼利夏公司

服役时间：1983年至今

枪机种类：旋转后拉式枪机

供弹方式：5/10发可拆式弹匣

基本参数	
口径	7.62毫米
全长	1039毫米
空重	3.3千克
有效射程	300~400米
枪口初速	840米/秒

奥地利HS50狙击步枪

HS50HS50是由奥地利斯泰尔·曼利夏公司研制的一种手动枪机式反器材狙击步枪，于2004年2月在美国拉斯维加斯的枪械展览会上首次公开展示。

HS50狙击步枪的机头采用双闭锁凸笋，两道火扳机的扳机力为1.8千克。重型枪管上有凹槽，配有高效制动器。枪托的长度可调，托腮板的高度可调。该枪没有机械瞄准具，只能通过皮卡汀尼导轨安装瞄准装置及整体式可折叠可调两脚架等附件。除此之外，HS50采用非自动射击，没有采用弹匣供弹，而且一次只能装填一发子弹。

制造商：斯泰尔·曼利夏公司

服役时间：2004年至今

枪机种类：旋转后拉式枪机

供弹方式：1发可拆式弹匣

基本参数	
口径	12.7毫米
全长	1370毫米
空重	12.4千克
有效射程	1500米
枪口初速	760米/秒

瑞士SG 550突击步枪

SG 550突击步枪是瑞士SIG公司于20世纪70年代研制的，是瑞士陆军的制式步枪，也是世界上最精确的突击步枪之一。除瑞士陆军以外，该枪还有巴西、智利、法国、德国、波兰、罗马尼亚、西班牙等国的军队或特种部队采用。

SG 550突击步枪采用导气式自动方式，子弹发射时的气体不是直接进入导气管，而是通过导气箍上的小孔，进入活塞头上面弯成90度的管道内，然后继续向前，抵靠在导气管塞子上，借助反作用力使活塞和枪机后退而开锁。SG 550突击步枪大量采用冲压件和合成材料，大大减轻了全枪重量。枪管用镍铬钢锤锻而成，枪管壁很厚，没有镀铬。消焰器长22毫米，其上可安装新型刺刀。为了提高射击的稳定性，标准型的SG 550突击步枪有两脚架。

制造商：SIG公司

服役时间：1986年至今

枪机种类：转栓式枪机

供弹方式：20/30发可拆式弹匣

基本参数	
口径	5.56毫米
全长	998毫米
空重	4.05千克
有效射程	400米
枪口初速	905米/秒

瑞士SSG 2000狙击步枪

SSG 2000狙击步枪是瑞士SIG公司以德国绍尔公司的Sauer 80/90靶枪为蓝本，于20世纪60年代为军队和执法部门研制的狙击步枪，目前仍有一部分在服役中。

SSG 2000狙击步枪的枪机后端有两个向外伸出的凸起，在拉机柄回转带动的凸轮作用下锁在机匣里。机体不回转，非常容易抽壳。这种设计使得枪机的角位移只有65度，装弹迅速而平稳。与大多数手动步枪不同的是，该枪的弹仓在枪托中间，由下方装弹。SSG 2000狙击步枪采用锤锻而成的重枪管，内有锥形膛线，枪口装有消焰/制动器。推拉扳机为双动式，机匣前部有弹膛装弹指示，以指明膛内有弹。

制造商：SIG公司

服役时间：1960年至今

枪机种类：旋转后拉式枪机

供弹方式：4发可拆式弹匣

基本参数	
口径	7.62毫米
全长	1210毫米
空重	6.6千克
有效射程	1100米
枪口初速	750米/秒

瑞士SSG 3000狙击步枪

SSG 3000狙击步枪是以Sauer 2000 STR比赛型狙击步枪为蓝本设计而成的警用狙击步枪，1997年开始生产，在欧洲及美国的执法机关和军队之中比较常见。

SSG 3000狙击步枪重枪管由碳钢冷锻而成，枪管外壁带有传统的散热凹槽，而枪口位置也带有圆形凹槽。SSG 3000狙击步枪可在枪管上面连上一条长织带遮蔽在枪管上方，其作用是可以防止枪管暴晒下发热，上升的热气在瞄准镜前方产生海市蜃楼，妨碍射手进行精确瞄准。SSG 3000狙击步枪的枪口装置具有制动及消焰功能，两道火扳机可以单/双动击发，其行程和扳机力可调整。

制造商：SIG公司

服役时间：1997年至今

枪机种类：旋转后拉式枪机

供弹方式：5发可拆式弹匣

基本参数	
口径	7.62毫米
全长	1180毫米
空重	5.44千克
有效射程	800米
枪口初速	830米/秒

比利时FN FAL自动步枪

FAL自动步枪由比利时枪械设计师塞弗设计，是世界上最著名的步枪之一，曾是很多国家的制式装备。直到20世纪80年代后期，随着小口径步枪的兴起，许多国家的制式FAL自动步枪才逐渐被替换。

FAL自动步枪单发精度高，但由于使用的弹药威力大，射击时后坐力大使连发射击时难以控制，存在散布面较大的问题。不过瑕不掩瑜，由于FAL自动步枪工艺精良、可靠性好，成为装备国家最广泛的军用步枪之一，FN公司直到20世纪80年代仍在生产。此外，在60～70年代，FAL自动步枪是西方雇佣兵最爱的武器之一，因此被美国的雇佣兵杂志誉为“20世纪最伟大的雇佣兵武器之一”。

制造商：FN公司

服役时间：1954年至今

枪机种类：短行程导气活塞

供弹方式：20发可拆式弹匣

基本参数	
口径	7.62毫米
全长	1090毫米
空重	4.25千克
有效射程	650米
枪口初速	840米/秒

比利时FN FNC突击步枪

FNC突击步枪是比利时FN公司在20世纪70年代中期生产的突击步枪，1979年5月开始投入批量生产。目前，除比利时外，尼日利亚、印度尼西亚和瑞典等国家也有装备。

FNC突击步枪的枪管用高级优质钢制成，内膛精锻成型，故强度、硬度、韧性较好，耐蚀抗磨。其前部有一圆形套筒，除可用于消焰外，还能发射枪榴弹。在供弹方面弹匣，该枪采用30发北约标准弹匣。其击发系统与其他现代小口径突击步枪相似，有半自动、三点发和全自动三种发射方式。枪口部有特殊的刺刀座，以便安装美国M7式刺刀。

制造商：FN公司

服役时间：1979年至今

枪机种类：转栓式枪机

供弹方式：30发可拆式弹匣

基本参数	
口径	5.56毫米
全长	997毫米
空重	3.8千克
有效射程	450米
枪口初速	965米/秒

小知识

FNC突击步枪有两种不同长度的枪管：一种是膛线缠距为305毫米的标准枪管，发射美国M193枪弹；另一种是膛线缠距为178毫米的短枪管，发射比利时SS109枪弹。

比利时FN F2000突击步枪

F2000突击步枪是比利时FN公司研制的，首次亮相是在2001年3月的阿拉伯联合酋长国阿布扎比举行的IDEX展览会上。F2000突击步枪在成本、工艺性及人机工效等方面苦下功夫，不但很好地控制了重量，平衡性也很优秀，非常适合携带、握持和使用，同样也便于左利手使用。

F2000突击步枪默认使用1.6倍瞄准镜，在加装专用的榴弹发射器后，也可换装具测距及计算弹着点的专用火控系统。F2000突击步枪的附件包括可折叠的两脚架及可选用的装手枪口上的刺刀卡笋，而且还可根据实际需求而在M1913导轨上安装夜视瞄具。除此之外，F2000突击步枪还能配用未来的低杀伤性系统。

制造商：FN公司

服役时间：2001年至今

枪机种类：转栓式枪机

供弹方式：30发可拆式弹匣

基本参数	
口径	5.56毫米
全长	688毫米
空重	3.6千克
有效射程	500米
枪口初速	910米/秒

比利时FN SCAR突击步枪

SCAR突击步枪是比利时FN公司为了满足美军特战司令部的SCAR项目而制造的现代化突击步枪，于2007年7月开始小批量量产，并有限配发给军队使用。SCAR突击步枪有两种版本，轻型（L型，SCAR-L，Mk 16 Mod 0）和重型（H型，SCAR-H，Mk 17 Mod 0）。L型发射5.56×45毫米北约弹药，使用类似于M16突击步枪的弹匣，只不过是钢材制造，虽然比M16突击步枪的塑料弹匣更重，但是强度更高，可靠性也更好。

SCAR突击步枪的特征为从头到尾不间断的战术导轨在铝制外壳的正上方排开，两个可拆式导轨在侧面，下方还可加挂任何MIL-STD-1913标准的相容配件，握把部分和M16突击步枪用的握把可互换，前准星可以折下，不会挡到瞄准镜或是光学瞄准器。

制造商：FN公司

服役时间：2009年至今

枪机种类：滚转式枪机

供弹方式：20发可拆式弹匣

基本参数	
口径	7.62毫米
全长	965毫米
空重	3.26千克
有效射程	600米
枪口初速	714米/秒

比利时FN SPR狙击步枪

SPR狙击步枪是由比利时FN研制的手动枪机狙击步枪。2004年，SPR狙击步枪被美国联邦调查局的人质救援小组所采用，命名为FNH SPR-USG（US Government，美国政府型），成为该单位的两种手动狙击步枪之一。

SPR狙击步枪始终能够保持较高的精度，所需的维护工作也较少，其最大特点是内膛镀铬的浮置式枪管和合成枪托。内膛镀铬的优点是枪管更持久、更耐腐蚀和易于清洁维护。但镀铬枪管因为可能会使准确度下降，在手动枪机的狙击步枪非常罕见。

制造商：FN公司

服役时间：2004年至今

枪机种类：旋转后拉式枪机

供弹方式：4发可拆式弹匣

基本参数	
口径	7.62毫米
全长	1117.6毫米
空重	5.13千克
有效射程	500米
枪口初速	700米/秒

比利时FN“弩炮”狙击步枪

“弩炮”狙击步枪是FN公司在奥地利TPG-1狙击步枪的基础上改进而来的手动狙击步枪，分为三种口径。三种枪型的枪管等部件可以使用工具进行快速更换，而且可以在2分钟以内更换完毕。不同口径枪管分为标准型和加长型两种长度。

“弩炮”狙击步枪可分为浮置式不锈钢枪管、护木、铝合金上/下机匣、旋转后拉式枪机和多功能折叠式枪托等多个大型组件，外表涂装均为沙色。该枪没有内置其机械瞄具，必须利用其机匣顶部所设有的一条全长式MIL-STD-1913战术导轨安装各种战术附件。

制造商：FN公司

服役时间：2009年至今

枪机种类：旋转后拉式枪机

供弹方式：5/8/10发可拆式弹匣

基本参数	
口径	8.58毫米
全长	730毫米
空重	6.8千克
有效射程	1800米
枪口初速	915米/秒

比利时FN30-11狙击步枪

FN30-11狙击步枪是比利时FN公司于20世纪70年代末研制的，主要供军方和执法单位保卫机场、军事重地和国家机关等重要设施。为了适应每个狙击手的需要，FN30-11狙击步枪还设计了可调长度的枪托。这种枪托附加一个连接件，以此调节枪托的长度，使枪托左侧的托腮板恰好和射手的面部相贴。

FN30-11狙击步枪采用优质材料，结构结实，射击精度高。另外，该枪沿用毛瑟枪机，扳机拉力为14.7牛。枪管为加重型，装有很长的枪口消焰器。前托下方安装有高低可调的两脚架。当武器携行时，两脚架折叠在枪托下方，整支枪装在专门的保护袋中。

制造商：FN公司

服役时间：1980年至今

枪机种类：旋转后拉式枪机

供弹方式：10发可拆式弹匣

基本参数	
口径	7.62毫米
全长	1117毫米
空重	4.85千克
有效射程	600米
枪口初速	850米/秒

以色列加利尔突击步枪

加利尔突击步枪是以色列军事工业于20世纪60年代末研制的，目前仍在使用。加利尔系列步枪的设计是以芬兰Rk 62突击步枪的设计作为基础，并且改进其沙漠时的操作方式、装上M16A1突击步枪的枪管、斯通纳63武器系统的弹匣和FN FAL自动步枪的折叠式枪托，而Rk 62本身又是来自苏联AK-47突击步枪。

早期型加利尔突击步枪的机匣是采用类似Rk 62突击步枪的机匣，改为低成本的金属冲压方式生产。但由于5.56×45毫米弹药的膛压比想象得高，生产方式改为较沉重的铣削，导致加利尔突击步枪比其他同口径步枪更沉重。

制造商：以色列军事工业

服役时间：1972年至今

枪机种类：转栓式枪机

供弹方式：25发可拆式弹匣

基本参数	
口径	7.62毫米
全长	1112毫米
空重	7.65千克
有效射程	600米
枪口初速	950米/秒

以色列SR99狙击步枪

SR 99狙击步枪是以色列军事工业于2000年推出的半自动狙击步枪，由综合安全系统集团（ISSG）设计并且制作。该枪在设计时充分考虑了狙击手的战斗环境和独特操作要求，一切为狙击手着想，利于狙击手迅速投入战斗，具有精确瞄准和连续开火能力。换装枪管后，该枪还可变为普通步枪。

SR 99狙击步枪的优点是在野外恶劣环境具有良好的适应性，枪重问题虽然影响了SR 99狙击步枪的前途，但一支装有瞄准镜并装满子弹的SR 99狙击步枪也仅有6.9千克重，对于狙击步枪来说是可以接受的。此外，即使SR 99狙击步枪的射击精度比M14自动步枪低，但1.5MOA的散布精度在半自动狙击步枪来说已属不错。枪托折叠后，SR 99狙击步枪的长度只有845毫米，易于携带和隐藏。

制造商：以色列军事工业

服役时间：2000年至今

枪机种类：转栓式枪机

供弹方式：25发可拆式弹匣

基本参数	
口径	7.62毫米
全长	1112毫米
空重	5.1千克
有效射程	600米
枪口初速	820米/秒

以色列M89SR狙击步枪

M89SR狙击步枪是以色列技术顾问国际公司（Technical Consulting international，TCI）研制的狙击步枪，可视为美国M14自动步枪的无托改型。

由于采用了无托结构，因此即使M89SR狙击步枪的浮置式枪管长度为560毫米，但全长只有850毫米，加上消声器时全长也仅为1030毫米。M89SR狙击步枪通用M14自动步枪的20发弹匣，装满实弹时全重为6.28千克（连同消声器为7.03千克）。M89SR狙击步枪的精度非常高，据说在测试中使用以军配发的IMI M852 168格令（1格令=0.0648克，下同）弹时，最好的一组射弹散布能达到1MOA，而当采用更好的比赛级弹药如M118LR 175格令弹时，M89 SR甚至可以达到0.75MOA。

制造商：以色列技术顾问国际公司

服役时间：2001年至今

枪机种类：转栓式枪机

供弹方式：5/10/20发可拆式弹匣

基本参数	
口径	7.62毫米
全长	850毫米
空重	4.5千克
有效射程	1000米
枪口初速	855米/秒

捷克CZ-805 Bren突击步枪

CZ-805 Bren突击步枪由捷克布罗德兵工厂研制，是一款具现代化外观的模组化单兵武器，为捷克军队的新型制式步枪，将完全取代捷克军队之前装备的Vz58突击步枪。

CZ-805 Bren突击步枪采用模块化设计，发射5.56×45毫米北约步枪弹，此外也有7.62×39毫米口径的型号，未来还可能发射6.8毫米SPC弹。该枪采用短行程导气活塞式原理和滚转式枪机，其导气系统有气体调节器。上机匣由铝合金制作而成，下机匣的制作材料为聚合物。

制造商：布罗德兵工厂

服役时间：2011年至今

枪机种类：滚转式枪机

供弹方式：30发可拆式弹匣

基本参数	
口径	5.56/7.62毫米
全长	910毫米
空重	3.6千克
有效射程	500米
枪口初速	320米/秒

小 知 识

CZ-805 Bren突击步枪的每种口径都有四种不同长度枪管，分别是短突击型、标准型、精确射击型和班用自动步枪型。

捷克CZ-700狙击步枪

CZ-700是捷克塞斯卡·直波尔约夫卡（CZ）兵工厂在CZ系列猎枪基础上研制的狙击步枪，具有较高的射击精度。

CZ-700狙击步枪的机匣非常坚实。为了保持机匣的牢固性，设在右边的抛壳窗相当小，正好容空弹壳向右下方抛出。进弹口也较小，恰好插入双排10发铝制盒式弹匣。CZ-700狙击步枪的枪口制动器全长约100毫米，其上有螺纹，用扳手就可以装卸。在螺接枪口制退器的位置也可以装准星和准星座，这样也可以将CZ-700狙击步枪当作运动步枪使用。CZ-700狙击步枪没有安装机械瞄具，但在机匣顶部预留有安装韦弗式导轨或光学瞄具的螺孔。

制造商：塞斯卡·直波尔约夫卡兵工厂

服役时间：1998年至今

枪机种类：旋转后拉式枪机

供弹方式：10发可拆式弹匣

基本参数	
口径	7.62毫米
全长	1215毫米
空重	6.2千克
有效射程	900米
枪口初速	905米/秒

阿根廷FARA-83突击步枪

FARA-83突击步枪是阿根廷于20世纪80年代研发并装备的一款突击步枪，目前是阿根廷军队的制式步枪之一。

FARA-83突击步枪的设计受到了以色列加利尔突击步枪的影响，它与加利尔突击步枪一样采用了折叠式枪托，并有一个用于弱光环境的氚光瞄准镜。早期型FARA-83突击步枪使用伯莱塔AR70步枪的30发弹匣，并具有一个可切换为半自动或全自动射击的扳机组。

制造商：多明戈·马特乌军用轻武器工厂

服役时间：1984~1990年

枪机种类：滚转式枪机

供弹方式：30发可拆式弹匣

基本参数	
口径	5.56毫米
全长	1000毫米
空重	3.95千克
有效射程	300~500米
枪口初速	980米/秒

南非R4突击步枪

R4突击步枪是南非于20世纪80年代在以色列加利尔突击步枪的基础上改良而成的一款突击步枪。R4突击步枪主要由利特尔顿兵工厂生产，但该兵工厂又因各种原因而停产，于是转由维克多武器公司继续生产。

R4突击步枪保留了AK-47突击步枪优良的短冲程活塞传动式、转动式枪机，并采用加利尔突击步枪的握把式射击模式选择钮和机匣上方的后照门以及L形拉机柄，还使用了更加轻便的塑料护木。

制造商：利特尔顿兵工厂、维克多武器公司

服役时间：1980年至今

枪机种类：转栓式枪机

供弹方式：35/50发可拆式弹匣

基本参数	
口径	5.56毫米
全长	740毫米
空重	4.3千克
有效射程	500米
枪口初速	980米/秒

南非CR-21突击步枪

CR-21突击步枪以R4系列步枪为基础并略为修改，以便将其改为无托结构设计，尽可能使用原来制造的部件以便降低成本，并保持其可靠性和减轻其重量，由南非生产。

CR-21突击步枪的枪身由高弹性黑色聚合物模压成型，左右两侧在模压成型后，经高频焊接成整体。枪管内的膛线采用冷锻法制成，内膛镀铬以增强耐磨性，使用弹药为5.56×45毫米SS109步枪子弹。

制造商：维克多武器公司

服役时间：1997年至今

枪机种类：转栓式枪机

供弹方式：20/35发可拆式弹匣

基本参数	
口径	5.56毫米
全长	760毫米
空重	3.72千克
有效射程	600米
枪口初速	980米/秒

小 知 识

CR-21意为Compact Rifle-21st Century，即21世纪紧凑型突击步枪。

南非NTW-20狙击步枪

NTW-20是南非研制的超大口径反器材狙击步枪，主要发射20毫米枪弹，也可通过更换零部件的方式改为发射14.5毫米枪弹。

NTW-20狙击步枪采用枪机回转式工作原理，枪口设有体积庞大的双膛制动器，可以将后坐力保持在可接受的水平。米切姆公司还设计了一种减振缓冲枪架，用于城区及相似环境中的反狙击手作战。NTW-20狙击步枪没有安装机械瞄准具，但装有具备视差调节功能的8倍放大瞄准镜。

制造商：米切姆公司

服役时间：1996年至今

枪机种类：滚转式枪机

供弹方式：3发可拆式弹匣

基本参数	
口径	20毫米
全长	1796毫米
空重	31.5千克
有效射程	1300米
枪口初速	720米/秒

波兰Bor狙击步枪

Bor是由波兰OBRSM公司研制的旋转后拉式枪机狙击步枪。2008年12月，波兰陆军接收了第一批31支Bor狙击步枪。

Bor狙击步枪采用无托结构，制式型号重6.1千克，枪管长660毫米，目前已为空降部队研制出枪管长560毫米的型号。波兰陆军最初接收的Bor狙击步枪装有美国里奥波特&史蒂文斯公司的（4.5~14）倍×50毫米光学瞄具和夜视瞄准装置，从2009年开始换为波兰PCO公司的CKW昼/夜用瞄具。

制造商：OBRSM公司

服役时间：2008年至今

枪机种类：旋转后拉式枪机

供弹方式：10发可拆式弹匣

基本参数	
口径	7.62毫米
全长	1038毫米
空重	6.1千克
有效射程	800米
枪口初速	870米/秒

克罗地亚VHS突击步枪

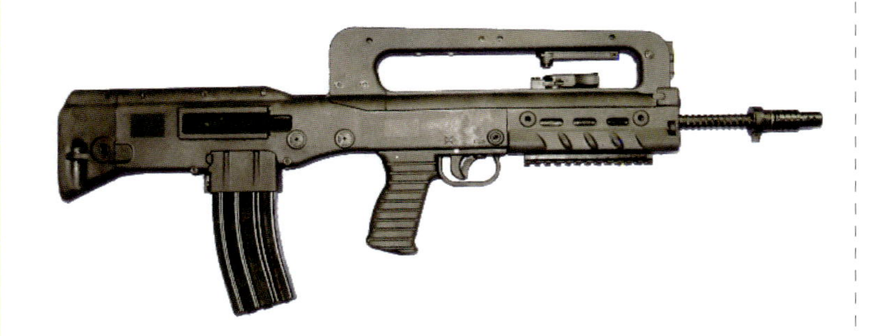

VHS突击步枪是克罗地亚生产的无托结构突击步枪，2007年第一次展出，2012年开始取代克罗地亚军队所装备的各种AK-47突击步枪的衍生型。

VHS突击步枪采用长行程活塞传动型气动式操作系统及转栓式枪机闭锁机构。其快慢机设置在扳机护圈内部，将快慢机拨杆设置向左时为全自动模式，设置向右时为半自动模式，设置居中时为保险模式。该枪的弹匣插座位于手枪握把后面，形状呈长方形，弹匣扣兼释放按钮设置在其后部。拉机柄位于提把下方，抛壳口外围带有连着的抛壳挡板，分别设于上、下和后三个方向，以防止其抛壳方向不稳定。

制造商：HS Produkt公司

服役时间：2008年至今

枪机种类：转栓式枪机

供弹方式：30发可拆式弹匣

基本参数	
口径	5.56毫米
全长	765毫米
空重	3.4千克
有效射程	500米
枪口初速	950米/秒

克罗地亚RT-20狙击步枪

RT-20狙击步枪是克罗地亚RH-Alan公司研制的大口径狙击步枪，20世纪90年代初被克罗地亚军队采用，目前仍有一部分在服役中。该枪是当时世界上最强有力的反器材步枪之一，20毫米口径步枪在当时仅有三种，另外两种为南非NTW-20狙击步枪和芬兰APH-20重型狙击枪。

RT-20狙击步枪采用枪机回转式工作原理，使用三个较大的凸块锁住枪管。由于没有设置弹匣，因此只能单发装填。触发器的肩架和手枪型手柄位于枪管之下。RT-20狙击步枪没有机械瞄准具，但配有望远式光学瞄准镜，安装在枪管上并偏向左侧。

制造商：RH-Alan公司

服役时间：1994年至今

枪机种类：旋转后拉式枪机

供弹方式：1发可拆式弹匣

基本参数	
口径	20毫米
全长	1330毫米
空重	19.2千克
有效射程	1800米
枪口初速	850米/秒

乌克兰Fort-221突击步枪

Fort-221突击步枪是由乌克兰国营兵工厂生产的一种无托结构的突击步枪，是以色列TAR-21突击步枪的授权生产版本。

Fort-221突击步枪的设计与TAR-21突击步枪大致一样，并能安装类似于ITLMARS的瞄准镜和其他瞄准具及战术配件。目前，Fort-221突击步枪主要装备于乌克兰内务部和联邦安全局的特种部队。

制造商：乌克兰国营兵工厂

服役时间：2009年至今

枪机种类：滚转式枪机

供弹方式：30发可拆式弹匣

基本参数	
口径	5.56毫米
全长	645毫米
空重	3.9千克
有效射程	500米
枪口初速	890米/秒

小 知 识

Fort-221突击步枪还有一种称为Fort-224的衍生型，除了有发射5.56×45毫米北约标准弹药的版本外，还有发射9毫米弹药的冲锋枪版本。

冲锋枪

冲锋枪通常是指双手持握、发射手枪子弹的单兵连发枪械，是一战时开始研制的介于手枪和机枪之间的武器。它比步枪短小轻便，便于突然开火，火力猛，射速高，适用于近战或冲锋，因此得名冲锋枪，在人类战争史上有着十分重要的作用。

美国汤普森冲锋枪

汤普森冲锋枪于1916年第一次亮相，在二战中有不俗战绩。该枪枪重及后坐力较大、瞄准也较难，即使如此，它依旧是最具威力及可靠性的冲锋枪之一。

汤普森冲锋枪使用开放式枪机，即枪机和相关工作部件都被卡在后方。当扣动扳机后枪机被放开前进，将子弹由弹匣推上膛并且将子弹发射出去，再将枪机后推，弹出空弹壳，循环操作准备射击下一颗子弹。该枪采用鼓式弹夹，虽然这种弹夹可以提供持续射击的能力，但它太过于笨重，不方便携带。该枪射速最高可达1200发/分，此外，其接触雨水、灰尘或泥后的表现比同时代其他冲锋枪要优秀。

制造商：柯尔特公司

服役时间：1938～1971年

枪机种类：开放式枪机

供弹方式：20/30发可拆式弹匣

基本参数	
口径	11.43毫米
全长	852毫米
空重	4.9千克
有效射程	150～250米
枪口初速	285米/秒

小知识

汤普森冲锋枪由于开枪的声音嗒嗒嗒地似打字机，还被称为“Chicago Typewriter”，即“芝加哥打字机”，此外还有“芝加哥小提琴”“压死驴”冲锋枪的昵称。除了在战争中使用外，汤普森冲锋枪还是当时美国警察与罪犯经常使用的武器。

美国M3冲锋枪

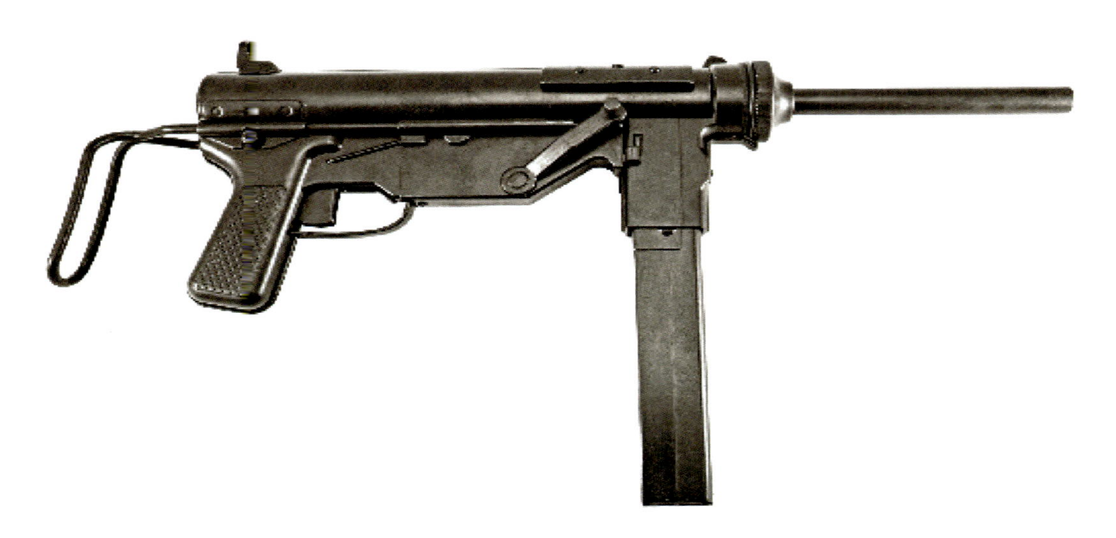

M3冲锋枪是美国在二战时期大量生产的冲锋枪之一，于1942 年12月1日开始服役，并逐渐取代造价昂贵的汤普森冲锋枪。

M3冲锋枪是全自动、气冷、开放式枪机、由反冲作用操作的冲锋枪。附于枪身的后方是可伸缩的金属杆枪托，枪托金属杆的两头均设计当作通条，可用作分解工具。另外，由于9毫米口径的自动手枪子弹产生的压力不大，加上枪机很重，M3冲锋枪不需要复杂的膛室闭锁机制或是延迟机制。

制造商：通用汽车公司

服役时间：1942年至今

枪机种类：开放式枪机

供弹方式：30发可拆式弹匣

基本参数	
口径	9毫米
全长	556毫米
空重	3.7千克
有效射程	100米
枪口初速	280米/秒

小 知 识

M3冲锋枪的外形像是替汽车打润滑油（黄油）的润滑油枪，所以也有 M3黄油枪的称号。

美国MAC-10冲锋枪

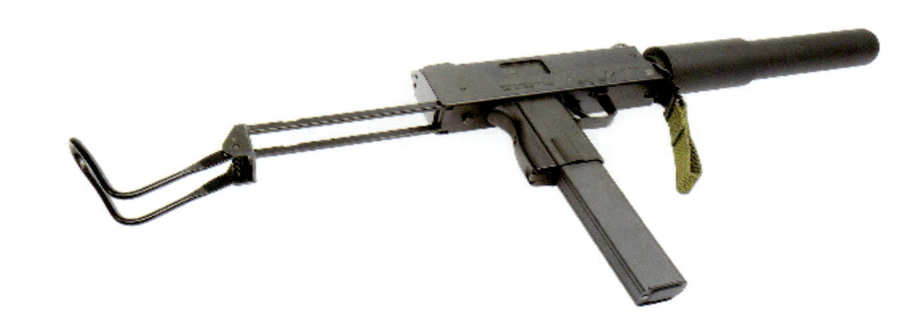

MAC-10冲锋枪是现代名枪之一，目前装备美国、英国、哥伦比亚、危地马拉、洪都拉斯、以色列、葡萄牙、委内瑞拉等国家的警察和特种部队。

MAC-10冲锋枪采用简单、低成本的设计、几乎没有可转换零件的枪械，所以很容易制造和维修。该枪采用自由枪机式工作原理，开膛待击。机匣分上下两部分，上机匣容纳枪机和枪管，下机匣容纳发射机、保险机构和快慢机。枪机为包络式，使枪管大部分伸入机匣内，从而大大缩短了全枪长。拉机柄在机匣顶部，其上开有凹槽，以免影响瞄准。当枪机在前方位置时，拉机柄钮旋转90度可以将枪机锁在前方。快慢机在机匣左侧扳机前方，向前推为单发，向后拉为连发。保险位于扳机右前方，使用十分方便，向前扳为射击，向后扳为保险，可通过扣扳机的手指就实现保险。

制造商：军事装备公司

服役时间：1970～1975年

枪机种类：开放式枪机

供弹方式：30发可拆式弹匣

基本参数	
口径	9毫米
全长	548毫米
空重	2.84千克
有效射程	80米
枪口初速	366米/秒

小 知 识

MAC-10是该枪常用的名称，但并非官方的命名。军事装备公司从来没有在任何目录或其销售的文学上使用过“MAC-10”这个名称，只以“M10”命名此枪。

美国MAC-11冲锋枪

MAC-11冲锋枪是戈登·B·英格拉姆于1972年设计，并由军事装备公司（Military Armament Corporation）与其他少数工厂生产。该枪使用开放式枪机，是MAC-10冲锋枪的0.38ACP口径版本。

MAC-11冲锋枪很像缩小版的MAC-10冲锋枪，有和MAC-10冲锋枪相同规格的开放式枪机、枪管前端的螺旋纹和金属机械照门设计。这种瞄准具是为了方便使用小型的可伸缩枪托，如果不使用可伸缩枪托而使用这种瞄具会令其失效，因为开放式枪栓设计的武器的枪口跳动实在过大。MAC-11冲锋枪有两个和MAC-10冲锋枪相同的保险装置，例如枪机转动90度就会闭锁和有指示器指示武器不能射击。这两种保险装置能有效杜绝武器射击系统因为坠下或者开放式枪栓的先天缺陷所导致的走火。

制造商：军事装备公司

服役时间：1972～1975年

枪机种类：开放式枪机

供弹方式：16/32发可拆式弹匣

基本参数	
口径	9毫米
全长	531毫米
空重	1.59千克
有效射程	50米
枪口初速	298.7米/秒

小 知 识

在电影里也经常看到MAC-11冲锋枪的身影，在2012年的电影《灵魂战车2：复仇时刻》（Ghost Rider: Spirit of Vengeance）中，MAC-11冲锋枪就曾被一名暴徒所使用。

美国SIG MPX冲锋枪

SIG MPX冲锋枪是西格&绍尔（SIG Sauer）公司于2015年推出的一款冲锋枪。

SIG MPX冲锋枪采用活塞短行程导气式自动方式，机头回转式闭锁，闭膛待击。其采用模块化设计，可变换口径，并具有多种型式，形成庞大的系统。SIG MPX冲锋枪只需要更换枪管组件、枪机、弹匣等即可完成口径转换，更换不同的护手、枪管组件、枪托组件即可完成枪型转换。理论上该枪能够组合出30种不同的枪型，可谓“将模块化进行到底”。据西格&绍尔公司介绍，SIG MPX冲锋枪的枪型、口径转换无须工具，即使在野外环境中也可进行。

制造商：西格&绍尔公司

服役时间：2015年至今

枪机种类：转拴式枪机

供弹方式：10/20/30发可拆式弹匣

基本参数	
口径	9毫米
全长	580毫米
空重	2.1千克
有效射程	50米
枪口初速	389米/秒

小 知 识

在2015年流行的电子游戏《战地：硬仗》（Battlefield Hardline）中，SIG MPX冲锋枪被称为MPX标准型，命名为“MPX”，归类为冲锋枪，发射0.40英寸S&W子弹，（30+1）发弹匣[可使用改装：延长弹匣增至（40+1）发]，最高携弹量为（62+31）发。武器商店中价格为19800元，被警方机械师（Mechanic）所使用（罪犯解锁条件为：以任何阵营进行游戏使用该枪击杀1250名敌人后购买武器执照）。

德国MP18冲锋枪

MP18冲锋枪是一战时期由雨果·施梅瑟设计的，因其生产商为伯格曼兵工厂，因此也被称为伯格曼冲锋枪。

MP18冲锋枪采用自由枪机原理。为能有效散热采用开膛待机方式，枪机通过机匣右侧的拉机柄，拉到后方位置卡在拉机柄槽尾端的卡槽内实现保险。但这种保险方式并不安全，因为如果意外受到某种振动时拉机柄会从卡槽中脱出，导致枪机向前运动击发枪弹发生走火。MP18冲锋枪最大的特征是枪管上包裹套筒，套筒上布满散热孔，连续射击有利散热。除此之外，MP18冲锋枪只能全自动射击。

制造商：伯格曼兵工厂

服役时间：1918～1945年

枪机种类：开放式枪机

供弹方式：32/50发可拆式弹匣、32发弹鼓

基本参数	
口径	9毫米
全长	832毫米
空重	4.18千克
有效射程	100米
枪口初速	380米/秒

小 知 识

MP18冲锋枪是一战后期德国研制的一种发射9毫米手枪弹的冲锋枪，它在一战中首次亮相，被协约国军队用于马恩战河役中。它的问世，将一战转入一系列的狙击战和堑壕战。严格意义上讲，MP18冲锋枪是世界上第一款真正的实用冲锋枪。

德国MP5冲锋枪

MP5冲锋枪的设计源于1964年HK公司的HK54冲锋枪项目（“5”意为HK第五代冲锋枪，“4”意为使用9×19毫米子弹）。该枪以G3自动步枪的设计缩小而成。该枪被联邦德国政府采用后，正式命名为MP5。MP5冲锋枪最大的优点是火力猛烈、便于操作、可靠性强、命中精度高，目前它被多个国家的特种部队采用。

MP5冲锋枪采用了与G3自动步枪一样的半自由枪机和滚柱闭锁方式，当武器处于待击状态在机体复进到位前，闭锁楔铁的闭锁斜面将两个滚柱向外挤开，使之卡入枪管节套的闭锁槽内，枪机便闭锁住弹膛。射击后，在火药气体作用下，弹壳推动机头后退。一旦滚柱完全脱离卡槽，枪机的两部分就一起后坐，直到撞击抛壳挺时才将弹壳从枪右侧的抛壳窗抛出。

制造商：HK公司

服役时间：1966年至今

枪机种类：闭锁式枪机

供弹方式：15/30发可拆式弹匣

基本参数	
口径	9毫米
全长	680毫米
空重	2.54千克
有效射程	200米
枪口初速	375米/秒

小知识

1977年10月17日，德国在摩加迪沙反劫机行动中使用了MP5冲锋枪，4名恐怖分子均被MP5冲锋枪击中，3人当即死亡，1人重伤，人质获救。正因如此，MP5冲锋枪在近距离内的命中精度也得到证明，从此MP5冲锋枪几乎成了反恐特种部队的标志。

德国MP28冲锋枪

MP28冲锋枪是一战以后由时为魏玛共和国的雨果·施迈瑟所研发、黑内尔公司生产的冲锋枪，是MP18冲锋枪的改进型，延用其反冲作用和开放式枪栓，但新增了快慢机和使用32发（和后来的20发）可拆卸式弹匣供弹，主要发射9×19毫米鲁格口径手枪子弹。

与MP18冲锋枪一样，MP28冲锋枪采用木材（枪托和枪身一体成型）和机器加工钢材所制成，以及自由枪机原理；适合后者的闭锁系统的是鲁格手枪使用的9×19毫米派拉贝鲁姆口径手枪子弹。为能有效散热采用开膛待机方式，枪机通过机匣右侧的拉机柄拉到后方位置卡在拉机柄槽尾端的卡槽内实现保险。这样的固定方式不够保险，意外受到某种振动时拉机柄会从卡槽中脱出，导致枪机向前运动击发枪弹发生走火。而且该枪的最大特征是枪管外围由隔热套筒所包裹，套筒上布满散热孔，有利于连续射击时的散热。

MP28冲锋枪提供了在当时比MP18冲锋枪新颖的功能，比如可在半自动（即单发）和全自动（即连发）之间进行切换的快慢机，这正是MP18冲锋枪所没有的功能。基于这种设计特点，扳机上方的快慢机成为可以轻松地将MP28冲锋枪与其前型MP18冲锋枪区分开来的特征。同时也改进了瞄准具，改进加工工艺以减少零部件。

制造商：黑内尔公司

服役时间：1928～1945年

枪机种类：开放式枪机

供弹方式：20/25/32/50发可拆式弹匣

基本参数	
口径	9毫米
全长	813毫米
空重	4千克
有效射程	100～150米
枪口初速	380米/秒

小 知 识

出口到国外的MP28冲锋枪与其原型MP18冲锋枪一并影响了全世界。在二战之前，苏联参照MP28冲锋枪，研发出改进为弹鼓供弹的PPD-34/38/40冲锋枪。

德国MP35冲锋枪

MP35冲锋枪是由德国研制生产的近战武器，在二战期间被德国国防军、武装党卫队和德国警察所采用。

MP35冲锋枪是反冲作用、开放式枪栓操作的击发调变式冲锋枪。该武器的机匣具有一个装在后部的非往复运动的拉机柄，并以类似毛瑟步枪的旋转后拉式枪机的方式操作。涉及的武器载体手动拉把手，拉向后，向前推并锁定回落。与武器的枪机机框牵连的拉机柄以手动方式拉动，先向后拉动，向前回推并拍下闭锁。当枪在射击时，拉机柄会保持静止。

制造商：舒尔茨-拉森公司

服役时间：1935～1945年

枪机种类：开放式枪机

供弹方式：20/24/32发可拆式弹匣

基本参数	
口径	9毫米
全长	840毫米
空重	4.24千克
有效射程	150～200米
枪口初速	365米/秒

小 知 识

MP35冲锋枪最初被丹麦军队所采用时，被命名为MP32，发射9×23毫米贝格曼弹。后来当它被比利时军队所采用时命名为Mitraillette 34，又称为MP34。

德国MP40冲锋枪

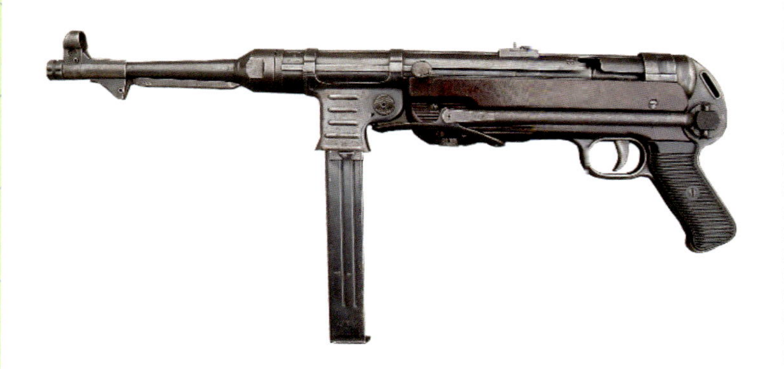

MP40冲锋枪是在MP18冲锋枪的基础上改进而来的，是二战期间德国军队使用最广泛、性能最优良的冲锋枪。

MP40冲锋枪发射9毫米口径鲁格弹，以直形弹匣供弹，采用开放式枪机原理、圆管状机匣，移除枪身上传统的木制组件，握把及护木均为塑料。该枪的折叠式枪托使用钢管制成，能够向前折叠到机匣下方，方便携带，枪管底部的钩状座可在由装甲车的射孔向外射击时固定于车体上。

小 知 识

在二战中，大部分德国士兵都持有MP40冲锋枪，作为二战德国军人的象征。所以MP40冲锋枪可以说是一款划时代的武器，在苏联波波莎冲锋枪出现之前，MP40冲锋枪堪称是世界最顶尖的冲锋枪。

制造商：埃尔马兵工厂

服役时间：1939～1945年

枪机种类：开放式枪机

供弹方式：32发可拆式弹匣

基本参数	
口径	9毫米
全长	833毫米
空重	4千克
有效射程	100米
枪口初速	380米/秒

德国MP3008冲锋枪

MP 3008冲锋枪是德国在二战末期制造的冲锋枪，其设计与斯登冲锋枪十分相似。MP3008冲锋枪采用廉价的反冲作用及开放式枪栓设计，可由小型工厂生产，使用MP40弹匣，除供弹口改为下置外，其他设计与英国的斯登冲锋枪近乎相同。MP3008冲锋枪全由钢铁制造，没有握把，同时该枪也是二战期间德国在各种资源缺乏下最后制造的冲锋枪。

制造商：毛瑟兵工厂

服役时间：1945年至今

枪机种类：开放式枪机

供弹方式：32发可拆式弹匣

基本参数	
口径	9毫米
全长	760毫米
空重	3.18千克
有效射程	100米
枪口初速	365米/秒

德国HK UMP冲锋枪

UMP是德国HK公司于2000年推出的一款冲锋枪。UMP冲锋枪在设计时采用了G36突击步枪的一些概念，不过UMP冲锋枪仍保持了HK公司一贯的优良性能和质量。UMP冲锋枪舍弃了MP5冲锋枪传统的半自由式枪机，改用自由式枪机，并使用闭锁式枪机，为了确保射击精度，并安装了减速器，把射速控制在600发/分，不过在发射高压弹时，射速会提高到700发/分。UMP冲锋枪的瞄具采用准星和照门，不过上机匣也有装备标准的M1913导轨，可自由装上各种瞄准镜，除此之外，UMP冲锋枪的护木左右两侧及下方都可以很方便地安装上RIS导轨并安装各式配件。

制造商：HK公司

服役时间：2000年至今

枪机种类：闭锁式枪机

供弹方式：25发可拆式弹匣

基本参数	
口径	9毫米
全长	695毫米
空重	2.47千克
有效射程	100米
枪口初速	320米/秒

小知识

与MP5冲锋枪相比，UMP45冲锋枪的采购价为850美元，而9毫米口径的MP5冲锋枪则要高出300多美元，而MP5/10冲锋枪的价格更能购买两支UMP45冲锋枪。

英国斯登冲锋枪

斯登冲锋枪是英国在二战期间装备最多的武器之一，其特点是制造成本低，易于大量生产。

斯登冲锋枪采用简单的内部设计，横置式弹匣、开放式枪机、后坐作用原理，弹匣装上后可充当前握把。该枪使用9毫米口径枪弹，能够在室内与堑壕战中发挥持久火力。另外，该枪紧致的外形和轻量让它具备绝佳的灵活性。

制造商：恩菲尔德公司等

服役时间：1941～1960年

枪机种类：开放式枪机

供弹方式：32发可拆式弹匣

基本参数	
口径	9毫米
全长	760毫米
空重	3.18千克
有效射程	100米
枪口初速	365米/秒

小 知 识

斯登冲锋枪是英国在二战时期大量制造及装备的9×19毫米冲锋枪，而STEN一词是一个首字母缩略字，分别指设计师雷金纳德·V.谢波德（Reginald Shepherd）、哈罗德·特平（Harold Turpin）及生产商恩菲尔德公司。

英国斯特林L2A3冲锋枪

1953年，英军部队开始用斯特林冲锋枪来替代司登冲锋枪。最初的产品根据部队的使用意见进行了一些改进，1955年诞生了L2A2冲锋枪，商业名称为MK3，1956年又进一步改进为L2A3冲锋枪，商业名为MK4。

L2A3冲锋枪（斯特林冲锋枪）最大的特点是结构简单，加工容易，弹匣容量大，火力持续性好。1956年，L2A3批量装备英军，斯登冲锋枪被全部淘汰。英国几支特种部队都曾使用。

L2A3冲锋枪大量采用冲压件，同时广泛采用铆接、焊接工艺，只有少量零件需要机加工，工艺性较好。

制造商：斯特林军备公司

服役时间：1945年至今

枪机种类：反冲作用

供弹方式：34发可拆式弹匣

基本参数	
口径	9毫米
全长	686毫米
空重	2.7千克
有效射程	50～100米
枪口初速	390米/秒

小 知 识

L2A3冲锋枪是英国的标准军用冲锋枪。由于性能优异，该枪一直获多国的军队、保安部队、警队选择作为制式枪械使用。目前，该枪大量地被更优秀的冲锋枪所取代，只剩下某些担任特种任务的部队仍然持续使用。

苏联PPD-40冲锋枪

PPD-40冲锋枪是1934年苏联制造的7.62毫米口径冲锋枪。此枪先由初期型的PPD-34改进成为中期型的PPD-34/38和后期型的PPD-40。1935年，PPD成为第一种在苏联红军之中服役的冲锋枪，在1938~1940年之间，PPD通过进一步修改后被命名为PPD-34/38和PPD-40，并引入了细微的变化，主要目的是使其更易于生产。该枪的大规模生产于1940年开始，大部分的金属部件是以金属铣削的方式制造的。

PPD-40冲锋枪采用木制枪托，开放式枪机。该枪供弹方式可在25发可拆卸式弹匣和71发可拆卸式弹鼓之间切换，其他方面则与芬兰索米M1931冲锋枪没有太大的差别。

由于PPD-40冲锋枪结构过于复杂、生产成本高，因此于1941年被PPSh-41冲锋枪所取代，但PPD-40冲锋枪为其后PPSh-41冲锋枪的成功奠定了坚定的基础。

制造商：捷格加廖夫设计局

服役时间：1935~1941年

枪机种类：开放式枪机

供弹方式：25发弹匣、71发弹鼓

基本参数	
口径	7.62毫米
全长	788毫米
空重	3.2千克
有效射程	160米
枪口初速	490米/秒

小知识

PPD-40冲锋枪是由苏联武器设计师瓦西里·捷格佳廖夫开发的，该设计师也参与过其他冲锋枪的设计，但最为得意的作品是PPD-40和PPD-34冲锋枪。

苏联/俄罗斯 PPSh-41冲锋枪

PPSh-41冲锋枪是二战期间苏联生产数量最多的武器。在斯大林格勒战役中，它起到了十分重要的作用，成为苏军步兵标志性装备之一。

PPSh-41冲锋枪采用自由式枪机原理，开膛待机，带有可进行连发、单发转化的快慢机，发射7.62×25毫米托卡列夫手枪弹（苏联标准手枪和冲锋枪使用的弹药）。PPSh-41冲锋枪能够以约1000发/分的射速射击，射速与当时其他大多数军用冲锋枪相比而言是非常高的。

制造商：图拉兵工厂

服役时间：1941年至今

枪机种类：开放式枪机

供弹方式：35发弹匣、71发弹鼓

基本参数	
口径	7.62毫米
全长	843毫米
空重	3.63千克
有效射程	150～250米
枪口初速	488米/秒

苏联/俄罗斯KEDR冲锋枪

KEDR冲锋枪原型最早于1970年推出，但却在1994年才正式服役。KEDR冲锋枪具有体积小、重量轻、便于携带等优点。目前俄罗斯特种部队以及其他军种都有使用该枪。

KEDR冲锋枪非常紧凑，重量较轻，在持续射击时非常容易控制，因此很适合在逐屋清除的CQB（室内近距离战斗）行动中使用。KEDR冲锋枪和KLIN冲锋枪的外形基本一样，只是KLIN冲锋枪对内部做了改进以适合高压的PMM手枪弹。冲量高的PMM弹使KLIN冲锋枪的射速增加到每分钟1100发左右，这使得武器比较难控制，因此KLIN冲锋枪比较适合破坏性大的行动而不是像人质拯救这类任务。当需要安装消声器时，KEDR冲锋枪和KLIN冲锋枪需要更换上一种外表有螺纹的短枪管，安装消声器后全枪长度增加了137毫米。

制造商：伊热夫斯克机器制造厂

服役时间：1994年至今

枪机种类：直接反冲作用

供弹方式：20/30发可拆式弹匣

基本参数	
口径	7.62毫米
全长	530毫米
空重	1.57千克
有效射程	70米
枪口初速	310米/秒

小 知 识

KEDR冲锋枪原枪型为PP-71冲锋枪，该于1969~1972年曾被苏联国防部测试，但该型号并没有正式投产。

波兰PM-63冲锋枪

PM-63冲锋枪是由波兰制造的小型冲锋枪，主要用于个人防卫及150米内的近身战斗，发射9×18毫米枪弹，可选择全自动或半自动射击模式。主要提供于重型装备士兵、特种部队、特种反恐部队及警队，并曾出口到华沙公约诸国。

PM-63冲锋枪的特色在于具有类似一般手枪的套筒设计并采用反冲式操作，且为降低连射射速，在滑套后端设有一个速率降低装置。此枪扳机本身即为射击模式切换器，扳机扣到一半时进行半自动射击，全扣时则进行全自动连续射击。握柄则兼作弹匣插座用，而弹匣有大型40发容量及小型15发、25发容量三种。

制造商：拉多姆兵工厂

服役时间：1965年至今

枪机种类：直接反冲式

供弹方式：15/25/40发可拆式弹匣

基本参数	
口径	9毫米
全长	333毫米
空重	1.6千克
有效射程	150米
枪口初速	320米/秒

小 知 识

在电子游戏《使命召唤：黑色行动》中，PM-63冲锋枪在故事模式中被苏联军队（主要是特种部队）和丹尼尔·克拉克博士所使用。

波兰PM-84冲锋枪

1981年，为了取代相同大小但性能已显落后的PM-63冲锋枪，波兰拉多姆兵工厂开始研发一种新型冲锋枪，该枪的第一个原型名为wz. 1981，经过一些严格测试，并进行了一些改变，最后在1984年正式定型投产，正式名称为wz. 1984，也称PM-84。

PM-84冲锋枪的结构与乌兹冲锋枪有些相似，采用包络式枪机，自由后坐式原理，开膛待击，弹匣插在垂直握把里。矩形机匣是用钢冲压而成，枪机在里面运动。在握把上方的机匣左侧有一个保险/快慢机柄。PM-84冲锋枪采用折叠式的前握把，主握把和前握把均由黑色塑料制成。有可伸缩的钢丝枪托。此外，PM-84冲锋枪的设计紧凑、尺寸小、重量轻，射击精度高而且点射时稳定，被用作重型武器操作员或战斗载具成员的自卫武器，也被侦察分队、特种部队和警察用作战斗武器。

制造商：拉多姆兵工厂

服役时间：1984年至今

枪机种类：直接反冲式

供弹方式：15/25发可拆式弹匣

基本参数	
口径	9毫米
全长	375毫米
空重	2.17千克
有效射程	200米
枪口初速	360米/秒

小 知 识

按照波兰习惯给轻武器用金属元素进行命名的习惯，PM-84冲锋枪也被命名为“Glauberyt”。

法国MAT-49冲锋枪

1946年，法国陆军技术部为了实现本国武器制式化，拟订了新型轻武器发展规划。MAT-49冲锋枪就是在此背景下由法国国营兵器日蒂勒工厂研制定型的，法军在1949~1979年期间使用这种冲锋枪，主要发射9×19毫米鲁格弹。

MAT-49冲锋枪的部件大都采用了钢板冲压成型制造，简化了生产工艺。MAT-49冲锋枪具有一个钢条制造的可伸缩式设计枪托，当枪托伸展后的长度是720毫米，而枪管长度是230毫米。弹匣及弹匣插座可以充当前握把，能够向前以45度角折叠，然后和枪管向前平行，这种设计比较适合伞兵安全携带。有一些警用型的MAT-49冲锋枪因为生产问题而延长枪管和改用不可伸缩的木制枪托。

MAT-49冲锋枪采用了两种不同容量的弹匣，一种是适合在沙漠使用20发可拆卸式弹匣，另一种是类似斯登冲锋枪的32发可拆卸式弹匣。

制造商：国营兵器日蒂勒工厂

服役时间：1949年至今

枪机种类：反冲作用

供弹方式：20/32发可拆式弹匣

基本参数	
口径	9毫米
全长	460毫米
空重	3.5千克
有效射程	100米
枪口初速	346米/秒

小 知 识

MAT-49冲锋枪曾被法军广泛使用，例如阿尔及利亚战争以及1956年的苏伊士运河危机。该武器被大量空军和机械化部队所青睐，尤其是因为它的持久火力和外形紧凑。

比利时FN P90冲锋枪

P90冲锋枪是FN公司于1990年推出的个人防卫武器，是美国小火器主导计划、北约AC225计划中要求的一种枪械。P90冲锋枪的野战分解十分容易，经简单训练就可在15秒内完成不完全分解，方便保养和维护。

P90冲锋枪能够有限度地同时取代手枪、冲锋枪及短管突击步枪等枪械，它使用的5.7×28毫米子弹能把后坐力降至低于手枪，还能有效击穿手枪不能击穿的、具有四级甚至于五级防护能力的防弹背心等个人防护装备。P90冲锋枪的枪身重心靠近握把，有利于单手操作并灵活地改变指向。经过精心设计的抛弹口，可确保各种射击姿势下抛出的弹壳都不会影响射击。水平弹匣使得P90冲锋枪的高度大大减小，卧姿射击时需要尽量伏低。

制造商：FN公司

服役时间：1990年至今

枪机种类：闭锁式枪机

供弹方式：50发可拆式弹匣

基本参数	
口径	5.7毫米
全长	500毫米
空重	2.54千克
有效射程	150米
枪口初速	716米/秒

小知识

2014年上映的电影《敢死队3》中P90冲锋枪被露娜和约翰·史麦利所使用。

以色列乌兹冲锋枪

乌兹冲锋枪是由以色列国防军军官乌兹·盖尔于1948年开始研制的轻型冲锋枪。该枪具有结构简单、易于生产等特点，现已被世界上许多国家的军队、特种部队、警队和执法机构采用。

乌兹冲锋枪最突出的特点是和手枪类似的握把内藏弹匣设计，使射手在与敌人近战交火时能迅速更换弹匣，即使是在黑暗的环境下，依然可以保持持续火力。不过，这个设计也影响了全枪的高度，导致卧姿射击时所需的空间更大。此外，在沙漠或风沙较大的地区作战时，射手必须经常分解清理乌兹冲锋枪，以避免射击时出现卡弹等情况。

制造商：以色列军事工业

服役时间：1951年至今

枪机种类：开放式枪机

供弹方式：40/50发可拆式弹匣

基本参数	
口径	9毫米
全长	650毫米
空重	3.5千克
有效射程	120米
枪口初速	400米/秒

小知识

在电视节目、电影和电子游戏中乌兹冲锋枪出现的概率较高，特别是双手各自持枪作扫射不同目标的画面。电影《这个杀手不太冷》里，型号分别为微型乌兹和迷你乌兹。微型乌兹被毒贩头子及其手下所使用；迷你乌兹被毒贩头子双持使用，也被纽约市警察局特种武器和战术部队所使用。

意大利伯莱塔M12冲锋枪

M12冲锋枪于20世纪50年代由伯莱塔公司研制生产，1961年开始成为意大利军队的制式装备，同时也是非洲和南美洲部分国家的制式装备。

M12冲锋枪拥有手动扳机阻止装置，能自动令枪机停止在闭锁安全位置的按钮式枪机释放装置，以及必须在主握把下以中指完全地按实的手动安全装置。

M12冲锋枪采用环包枪膛式设计，枪管内外经镀铬处理，长200毫米，其中150毫米是由枪机包覆，这种设计有助缩短整体长度。M12冲锋枪可全自动和单发射击，开放式枪机射速为550发/分，初速为380米/秒，有效射程为200米，后照门可设定瞄准距离为100米或200米。

制造商：伯莱塔公司

服役时间：1959年至今

枪机种类：开放式枪机

供弹方式：20/32/40发可拆式弹匣

基本参数	
口径	9毫米
全长	660毫米
空重	3.48千克
有效射程	200米
枪口初速	380米/秒

小 知 识

电子游戏《虹彩六号：围攻行动》里M12冲锋枪的型号为M12S，被特别警察行动营所使用。

芬兰索米M1931冲锋枪

索米M1931冲锋枪是枪械设计大师拉蒂在1929~1930年，以M26冲锋枪为基础推出的一款冲锋枪，并在1931年在芬兰蒂卡科斯基兵工厂投入批量生产，同年被芬兰军队正式列装，并命名为M1931冲锋枪。

索米M1931冲锋枪由于枪管较长，做工精良，因此其射程和射击精准度比大批量生产的苏联PPSh-41冲锋枪高出很多，但射速和装弹量则与PPSh-41冲锋枪一样。该枪最大的弊端是过高的生产成本，所采用的材料是瑞典的优质铬镍钢，并以狙击步枪的标准生产，不仅费工还费时。

制造商：蒂卡科斯基兵工厂

服役时间：1931～1982年

枪机种类：开放式枪机

供弹方式：20/36/40/50发弹匣、40/71发弹鼓

基本参数	
口径	9毫米
全长	870毫米
空重	4.6千克
有效射程	200米
枪口初速	396米/秒

小知识

M1931冲锋枪弹鼓供弹具是由拉蒂的朋友、自动武器公司股东之一的克斯金设计的，弹药在弹鼓内部成螺旋排列。后来，克斯金设计的71发弹鼓也成为芬兰冲锋枪的主要供弹具。

韩国K7冲锋枪

K7冲锋枪是由韩国大宇集团制造的微声冲锋枪，2003年在阿拉伯联合酋长国的国际防务展览及会议上首次展出，现已被韩国和印度尼西亚等国的特种部队采用。

K7冲锋枪以气动式自动原理步枪为蓝本，移除气动式结构，并且转换成发射9毫米口径弹药。K7冲锋枪使用滚轮延迟反冲式系统，射击精度较高。该枪装有整体微声器，使用亚音速的9×19毫米鲁格弹，以大幅减少射击时的噪音。

K7冲锋枪有三种发射模式，分别是半自动、三点发和全自动。由于微声器将枪声变得扭曲，敌人很难听出K7冲锋枪发射的声音。同时，微声器也将枪口焰消除，即便是在夜间也很难发现。

制造商：大宇精密工业

服役时间：2003年至今

枪机种类：闭锁式枪机

供弹方式：30发可拆式弹匣

基本参数	
口径	9毫米
全长	620毫米
空重	3.4千克
有效射程	150米
枪口初速	340米/秒

小 知 识

在电子游戏《战争前线》里，该枪被命名为“大宇K7”，使用30发弹匣，为工程兵专用武器，可以改装瞄准镜，不可改装枪口与战术导轨，视为自带消音器与枪口制退器。

奥地利TMP冲锋枪

TMP冲锋枪是由奥地利斯泰尔–曼利夏公司设计的9毫米口径冲锋枪。TMP冲锋枪的特点在于能令射手在连发时保持稳定射击，准确度比其他的冲锋手枪高。TMP冲锋枪装有来自斯泰尔AUG突击步枪的射控扳机，轻按扳机只能单发，完全按下扳机便是全自动射击。TMP冲锋枪装有向前倾的前握把，报告指出其前握把有助于射击时稳定持枪及瞄准，另外也可在前握把安装战术配件。

制造商：斯泰尔-曼利夏公司

服役时间：1992年至今

枪机种类：闭锁式枪机

供弹方式：15/30发可拆式弹匣

基本参数	
口径	9毫米
全长	282毫米
空重	1.3千克
有效射程	50～100米
枪口初速	380米/秒

小知识

20世纪90年代，斯泰尔–曼利夏公司把TMP冲锋枪的设计卖给布鲁加&托梅（Brugger & Thomet）公司，成为B&T MP9战术冲锋枪。

南非BXP冲锋枪

BXP冲锋枪是米切姆公司于20世纪80年代中期为南非警察和安全部队研制的，于1988年投产。BXP冲锋枪与以色列乌兹冲锋枪、美国MAC-10冲锋枪在结构和外形上都有很大程度的相似，都采用钢制方形机匣，但也有改进之处。

BXP冲锋枪具有一个十分灵巧的保险杆以及独立、扳机内建式发射模式选择器。军用全自动型版本在按下扳机第一段时为单发射击模式，而在完全按下扳机时为全自动模式。BXP冲锋枪还设有一个拦截缺口，如果枪机在待击时被释放但是阻铁在此之前激活的话，会卡住枪机使之不能复进。BXP冲锋枪还在表面涂覆了两层具有防锈性能的涂层，该涂层可作为全枪的润滑剂。

制造商：米切姆公司

服役时间：1988年至今

枪机种类：开放式枪机

供弹方式：22/32发可拆式弹匣

基本参数	
口径	9毫米
全长	607毫米
空重	2.5千克
有效射程	50～100米
枪口初速	320米/秒

小 知 识

BXP冲锋枪在20世纪80年代中期由米切姆公司为警察和军队研制，并在1988年投产。在当时对于受国际制裁的南非种族隔离政权来说，BXP冲锋枪的研制有非常重要的意义。当南非能够自由地进出口商品时，BXP冲锋枪也开始向外国销售。现在BXP冲锋枪的生产和销售商为南非的特维洛公司。

捷克斯洛伐克/捷克CZ-25冲锋枪

CZ-25冲锋枪是捷克斯洛伐克最著名的武器之一，为此后的冲锋枪设计奠定了良好的基础，乌兹冲锋枪的设计灵感就是来源于它。

CZ-25冲锋枪是第一种被正式采用的包络式枪机冲锋枪。所谓包络式枪机，即将枪机缩进机匣后部，缩短枪机运作距离，并以机匣包覆大部分枪管，从而达到缩短枪械总长度。这种设计可以大大减少其总长度，同时也可提高该枪的平衡性和便携性。

CZ-25冲锋枪并没有采用闭膛待击，而是使用开膛待击的设计。它还设计有可以控制射击模式的扳机系统，能在半自动和全自动两种射击模式之间选择，轻按扳机只能单发，而完全按下扳机便是全自动射击，直到扳机被释放或是弹匣用尽子弹。

制造商：捷克兵工厂

服役时间：1948年至今

枪机种类：包络式枪机

供弹方式：40发可拆式弹匣

基本参数	
口径	9毫米
全长	686毫米
空重	3.5千克
有效射程	200米
枪口初速	380米/秒

小 知 识

CZ-25（正确读法是Sa.25、Sa-48b或samopal vz.48b）是在1948年推出的一款冲锋枪。这款冲锋枪系列通常有四种外型上非常相似的型号，分别是：Sa.23、Sa.24、Sa.25和Sa.26。1968年之后，CZ-25被宣布已经过时，许多9毫米口径的CZ-23和CZ-25销往世界各地。

霰弹枪

霰弹枪是指无膛线并以发射霰弹为主的枪械，旧称为猎枪或滑膛枪。其外形和大小与半自动步枪相似，但明显的区别是有较大口径和粗大的枪管，部分型号无准星或标尺，口径一般达到18.2毫米，火力大，杀伤面宽，是近战的高效武器，已被各国特种部队和警察部队广泛采用。现代军用霰弹枪的外形和内部结构都与突击步枪有些相似，全枪基本由滑膛枪管、自动机、击发机、弹仓、瞄准装置以及枪托、握把等部件组成。

美国温彻斯特M1897霰弹枪

温彻斯特M1897霰弹枪是由美国著名枪械设计师约翰·勃朗宁设计、温彻斯特连发武器公司生产的泵动式霰弹枪。它是世界上第一种真正成功生产的泵动式霰弹枪，从1897年开始生产到温彻斯特连发武器公司于1957年决定将其停产以前，总产量超过100万支。

温彻斯特M1897霰弹枪有着较厚重的机匣，因此能够发射使用无烟火药的霰弹。该枪有许多不同的枪管长度和型号可以选择，例如发射12铅霰弹或16铅霰弹，并且有坚固的枪身和可拆卸的附件。16号口径的标准枪管长度为711.2毫米，而12号口径则配有762毫米的长枪管。特殊枪管长度可以缩短到508毫米或是延伸到914.4毫米。

制造商：温彻斯特连发武器公司

生产时间：1897～1957年

枪机种类：泵动式

供弹方式：6发可拆式弹匣

基本参数	
口径	16.83/18.53毫米
全长	1000毫米
空重	3.6千克
有效射程	20米
枪口初速	350米/秒

美国温彻斯特M1912霰弹枪

温彻斯特M1912霰弹枪是由温彻斯特连发武器公司生产的泵动式、内置式击锤设计及外部管式弹仓供弹的霰弹枪。

温彻斯特M1912霰弹枪的管式弹仓是通过枪的底部以进行装填。空的霰弹壳会从机匣右方长约62毫米的抛壳口排出。管状弹仓能够装填5发12号口径霰弹（将膛室之内的1发都计算在内的话就是6发）。当管状弹仓装上一个特殊的木制零件，管状弹仓就可以增加2发、3发、4发霰弹。

制造商：温彻斯特连发武器公司

生产时间：1912～1963年

枪机种类：泵动式

供弹方式：6发可拆式弹匣

基本参数	
口径	18.53毫米
全长	1003毫米
空重	3.6千克
有效射程	50米
枪口初速	350米/秒

美国伊萨卡37霰弹枪

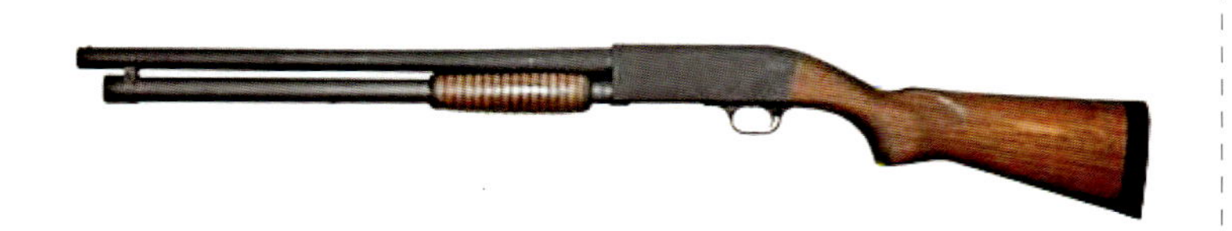

伊萨卡37霰弹枪是由位于美国纽约州伊萨卡市的伊萨卡枪械公司大量向民用、军用及警用市场销售的泵动式霰弹枪。

伊萨卡37霰弹枪在结构上是一种传统式样的泵动式霰弹枪，管状弹仓位于枪管下方，弹仓容量根据不同的型号从4发至8发不等。该枪采用起落式闭锁块闭锁，闭锁块位于枪机尾部，闭锁时向上进入机匣顶部的闭锁槽内。除了个别型号外，大多数伊萨卡37霰弹枪都配备简单的珠形准星和木制枪托、泵动手柄。手动保险为横闩式按钮，位于扳机后方，保险贯穿枪机，起作用时不仅卡住扳机，还卡住枪机不能运动。

制造商：伊萨卡枪械公司

生产时间：1937年至今

枪机种类：泵动式

供弹方式：9发可拆式弹匣

基本参数	
口径	18.53毫米
全长	1006毫米
空重	2.3千克
有效射程	50米
枪口初速	460米/秒

美国雷明顿870霰弹枪

雷明顿870霰弹枪是由雷明顿公司制造的泵动式霰弹枪。从20世纪50年代初至今，该枪一直都是美国军、警界的专用装备，美国边防警卫队尤其钟爱此枪。

雷明顿870霰弹枪在恶劣气候条件下的耐用性和可靠性较好，尤其是改进型M870霰弹枪，采用了许多新工艺和附件，如采用了金属表面磷化处理等工艺，采用了斜准星、可调缺口照门式机械瞄具，配了一个弹容量为7发的加长式管形弹匣，在机匣左侧加装了一个可装6个空弹壳的马鞍形弹壳收集器，一个手推式保险按钮，一个三向可调式背带环和配用了一个旋转式激光瞄具。

制造商：雷明顿公司

服役时间：1951年至今

枪机种类：泵动式

供弹方式：9发可拆式弹匣

基本参数	
口径	18.53毫米
全长	1280毫米
空重	3.6千克
有效射程	40米
枪口初速	404米/秒

小 知 识

电影《魔鬼终结者：未来救赎》中使用的雷明顿870霰弹枪折叠枪托型和固定枪托型，前者被凯尔·里斯所使用，后者被巴恩斯所使用。

美国雷明顿1100霰弹枪

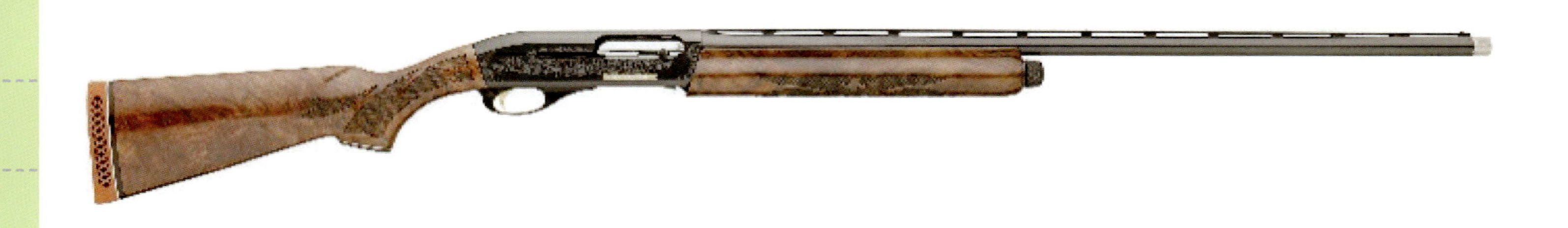

雷明顿1100霰弹枪是雷明顿公司研制的半自动气动式霰弹枪，被认为是第一种在后坐力、重量和性能上获得满意改进的半自动霰弹枪，在运动射击中比较常见和流行。

雷明顿1100霰弹枪拥有12号、16号、20号等多种口径，主要发射18.53×69.85毫米口径子弹。基础型号弹仓装弹为5发，但执法机构的特制型号为10发。由于其优异的设计和性能，该型霰弹枪还保持着连续射击24000发而不出现故障的惊人纪录。直到今天，很多20世纪60、70年代生产的产品依旧在可靠地使用中。雷明顿公司还推出了很多纪念和收藏版本，该型还有供左利手射手使用的12号和16号口径的型号。

制造商：雷明顿公司

生产时间：1963年至今

枪机种类：气动式、半自动

供弹方式：5/10发可拆式弹匣

基本参数	
口径	18.53毫米
全长	1280毫米
空重	3.6千克
有效射程	40米
枪口初速	404米/秒

小知识

雷明顿1100霰弹枪是美国历史上销售量最高的自动装填霰弹枪，其总量超过400万支。除此之外，北美的执法机构也装备并使用该枪。目前已知装备有雷明顿1100霰弹枪的还有巴西里约热内卢警局、墨西哥海军陆战队以及马来西亚特种部队等。

美国莫斯伯格500霰弹枪

莫斯伯格500霰弹枪是莫斯伯格父子公司专门为警察和军事部队研制的泵动式霰弹枪。该枪也被广泛用于射击比赛、狩猎、居家自卫和实用射击运动。

莫斯伯格500霰弹枪设计精良，使用可靠，重量轻，平衡性好，能发射所有马格努姆弹药且可获得最佳的散布精度，小握把型可在窄小空间的战车内使用。该枪设有两个保险：一个是在机匣顶部用拇指操纵的保险，另一个是扳机保险。枪机有两个防止抛壳失灵的抓壳钩，滑动机构有两根防止操作时扭曲或卡位的导杆。枪口配有防跳器，其上表面开有一切口，可使火药气体上喷，从而防止枪口上跳。莫斯伯格500霰弹枪的可靠性比较高，而且坚固耐用，加上价格合理，因此成为雷明顿870霰弹枪有力的竞争对手。

制造商：莫斯伯格父子公司

服役时间：1961年至今

枪机种类：泵动式

供弹方式：9发可拆式弹匣

基本参数	
口径	18.53毫米
全长	784毫米
空重	3.4千克
有效射程	40米
枪口初速	475米/秒

小 知 识

电影《生化危机2：启示录》中出现的型号为590紧凑巡逻者型和500型，其中590紧凑巡逻者型被艾莉丝所使用，500型则被一名警察所使用。

美国AA-12霰弹枪

AA-12霰弹枪是美国枪械设计师麦克斯韦·艾奇逊于1972年开发的全自动战斗霰弹枪。当时他根据越南战争的经验，认为诸如在东南亚所常见的那种丛林环境中，渗透巡逻队的尖兵急需一种近程自卫武器，其火力和停止作用应比普通步枪大得多，又要瞄准迅速。后来，他将该枪的专利权及全部图纸卖给了宪兵系统公司。

AA-12霰弹枪的准星和照门各安装在一个钢制的三角柱上，结构简单。准星可旋转调整高低，而照门通过一个转鼓调整风偏。设计中采用两种形式的鬼环式瞄准具，其中一种外形为8字形的双孔照门，另一种是普通的单孔照门。AA-12样枪上没有导轨系统，宪兵系统公司增加了导轨接口以方便安装各种战术附件，例如各种近战瞄准镜、激光指示器以及战术灯等。

制造商：宪兵系统公司

生产时间：2005年至今

枪机种类：开放式枪机

供弹方式：8发弹匣、20发弹鼓

基本参数	
口径	18.53毫米
全长	991毫米
空重	5.2千克
有效射程	50～100米
枪口初速	350米/秒

美国M26霰弹枪

M26霰弹枪是一种枪管下挂式霰弹枪，主要提供给美军的M16突击步枪及M4卡宾枪系列作为战术附件，当然，也可装上手枪握把及枪托独立使用。2008年5月，该枪开始进行批量生产，并装备在阿富汗的美军部队。

M26霰弹枪原本开发概念是20世纪80年代由士兵以截短型雷明顿870霰弹枪下挂于M16突击步枪枪管的自制Masterkey霰弹枪。M26比Masterkey握持时较为舒适，采用可提高装填速度的可拆式弹匣供弹，有不同枪管长度的型号，手动枪机，拉机柄可选择装在左右两边，比传统泵动式霰弹枪更为方便，枪口装置可前后调校以控制霰弹的扩散幅度及提高破障效果。

制造商：C-More系统

服役时间：2003年至今

枪机种类：手动上膛

供弹方式：5发可拆式弹匣

基本参数	
口径	18.53毫米
全长	610毫米
空重	1.22千克
有效射程	40米
枪口初速	480米/秒

小 知 识

在电影《魔鬼终结者：未来救赎》中，M26霰弹枪下挂于约翰·康纳的M4卡宾枪，也曾单独使用。在电影《敢死队2》中也于尼泊尔行动期间下挂于李·圣诞的M4A1卡宾枪。

意大利弗兰基SPAS-12霰弹枪

SPAS-12霰弹枪是弗兰基公司在20世纪70年代后期设计的一种特种用途、军队和警察的近战武器。该枪最大的特点是能够选择半自动装填或传统的泵动装填方式操作，用于适合不同的任务需求和弹药类型。

在战斗中有时需要较快的射击速度，但有时又必须射击一些无法产生足够气体压力让半自动霰弹枪完成自动循环的弹药，例如沙袋弹或催泪弹等，因此SPAS-12霰弹枪又提供了两种射击形式：它可以在半自动模式下迅速发射全威力弹例如鹿弹，又能转换成泵动装填方式以便可靠地发射低压弹。

制造商：弗兰基公司

生产时间：1979 ~ 2000年

枪机种类：泵动式/半自动

供弹方式：9发可拆式弹匣

基本参数	
口径	13.53毫米
全长	[illegible]09毫米
空重	[illegible].4千克
有效射程	40米
枪口初速	400米/秒

意大利弗兰基SPAS-15霰弹枪

SPAS-15霰弹枪是弗兰基公司设计和生产的可半自动可泵动及弹匣供弹式霰弹枪。该枪的设计本身是针对SPAS-12霰弹枪的一些缺点进行改进，其结构和原理很像突击步枪，在外形上也跟意大利军队装备的伯莱塔AR-70/90突击步枪比较相似。

为了提高火力，除了保留原来的导气式操作半自动装填外，该枪还改用可拆卸的单排盒形弹匣供弹，可卸式弹匣比传统管状霰弹枪弹仓能提高装填速度。除此之外，该枪还保留了既可半自动又可改用泵动的做法，允许发射膛压较低的非致命弹药。

制造商：弗兰基公司

生产时间：1986 ~ 2005年

枪机种类：泵动式/半自动

供弹方式：9发可拆式弹匣

基本参数	
口径	18.53毫米
全长	1000毫米
空重	3.9千克
有效射程	40米
枪口初速	400米/秒

意大利伯莱塔S682霰弹枪

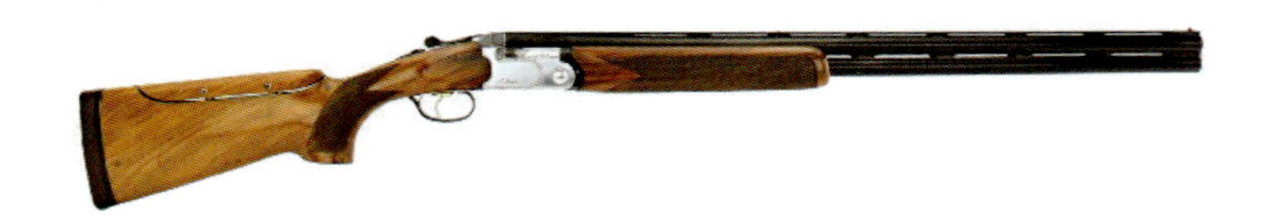

S682霰弹枪是伯莱塔公司设计制造的霰弹枪，包括多向、双向和豪华三种。该枪在历届奥运会和国际性射击比赛中多次获奖，深受各国射手欢迎。S682霰弹枪的结构设计合理，加工精致，工作可靠，射击精度高。

S682霰弹枪的机匣设计精细，褪光性能好。特殊的热处理工艺提高了耐磨性与耐用性，特殊的镀铬层提高了耐腐蚀性能。扳机可在3个位置调整，其行程为8毫米，一般可调整到大多数射手需要的位置。该枪可配不同结构的木托和护木，且更换方便。S682霰弹枪发射12号霰弹，枪口部装有3×13毫米发光型标准准星。

制造商：伯莱塔公司

生产时间：1984年至今

枪机种类：双管霰弹枪

供弹方式：2发可拆式弹匣

基本参数	
口径	18.53毫米
全长	1100毫米
空重	3.75千克
有效射程	40米
枪口初速	345米/秒

意大利伯奈利M1 Super 90霰弹枪

M1 Super 90霰弹枪是伯奈利公司在20世纪80年代为军队和执法机构研制的半自动霰弹枪。该枪采用惯性后坐原理实现自动装填，这是一种简单且可靠的自动原理，但美中不足的是不适合发射压力较低的弹药。M1 Super 90霰弹枪的基本结构为传统的双管形式，即在枪管下面并排着管状的弹仓。

M1 Super 90霰弹枪的枪管用镍铬钼钢制成，内膛镀铬。机匣采用高强度合金制造，表面经过发暗阳极氧化处理。枪托、小握把和护木都采用防腐碳纤维材料。机械瞄准具有缺口式照门的霰弹枪瞄准具，也有鬼环式霰弹枪瞄准具可供用户选择。手动保险是横贯枪机的，其操作按钮在扳机护圈的前方。此外，M1 Super 90霰弹枪还有空仓挂机功能，按压拉机柄下方的按钮可解脱空仓挂机。

制造商：伯奈利公司

生产时间：1980~1990年

枪机种类：半自动

供弹方式：8发可拆式弹匣

基本参数	
口径	18.53毫米
全长	1009毫米
空重	3.63千克
有效射程	40米
枪口初速	385米/秒

意大利伯奈利M3 Super 90霰弹枪

M3 Super 90霰弹枪是一种可半自动可泵动式两用霰弹枪，发射12号口径霰弹，由意大利枪支制造商伯奈利公司设计及生产。该枪以半自动的M1 Super 90霰弹枪为基础改进而成，最多可装7发弹药。

M3 Super 90霰弹枪可选择半自动或泵动运作。可靠与多用途令其受到警察部队和民间运动员的喜爱。M3 Super 90霰弹枪有多种衍生型，包括为了令执法单位较易携带而装上折叠式枪托的M3T，还有更短版本。

制造商：伯奈利公司

生产时间：1999年至今

枪机种类：半自动

供弹方式：7发可拆式弹匣

基本参数	
口径	18.53毫米
全长	1200毫米
空重	3.54千克
有效射程	40米
枪口初速	385米/秒

意大利伯奈利M4 Super 90霰弹枪

M4 Super 90霰弹枪是由伯奈利公司设计和生产的半自动霰弹枪（战斗霰弹枪），被美军采用并命名为M1014战斗霰弹枪。

M4 Super 90霰弹枪采用了新设计的导气式操作系统，而不是原来的惯性后坐系统。枪机仍然采用与M1 Super 90霰弹枪和M3 Super 90霰弹枪相同的双闭锁凸笋机头，但在枪管与弹仓之间的左右两侧以激光焊接法并排焊有2个活塞筒，每个活塞筒上都有导气孔和一个不锈钢活塞，在活塞筒的前面螺接有排气杆，排气杆上有弹簧阀，多余的火药气体通过弹簧阀逸出。M4 Super 90的伸缩式枪托很特别，其贴腮板可以向右倾斜，这样可以方便戴防毒面具进行贴腮瞄准。

制造商：伯奈利公司

生产时间：1999年至今

枪机种类：半自动

供弹方式：7发可拆式弹匣

基本参数	
口径	18.53毫米
全长	885毫米
空重	3.82千克
有效射程	40米
枪口初速	385米/秒

小 知 识

在电影《敢死队2》中，M4 Super 90霰弹枪被恺撒所使用。

意大利伯奈利Nova霰弹枪

Nova霰弹枪是伯奈利公司在20世纪90年代后期研制的泵动霰弹枪，其流线型外表极具科幻风格。Nova霰弹枪是伯奈利公司第一次开发的泵动霰弹枪，原本是作为民用猎枪开发的，但很快就推出了面向执法机构和军队的战术型。

Nova霰弹枪采用独特的钢增强塑料机匣，机匣和枪托是整体式的单块塑料件，机匣部位内置有钢增强板。枪托内装有高效的后坐缓冲器，因此发射大威力的马格努姆弹时也只有较低的后坐力。托底板有橡胶后坐缓冲垫，有助于控制后坐感。

制造商：伯奈利公司

生产时间：1999年至今

枪机种类：泵动式

供弹方式：8发可拆式弹匣

基本参数	
口径	18.53毫米
全长	1257毫米
空重	3.63千克
有效射程	50米
枪口初速	400米/秒

小 知 识

在电影《速度与激情6》里，Nova霰弹枪被主角专业罪犯、赛车手和逃亡者多米尼克·托雷托所使用。

苏联/俄罗斯KS-23霰弹枪

KS-23霰弹枪的研制始于20世纪70年代，当时苏联内务部要寻找一种用于控制监狱暴动的防暴武器，经过反复研究后，决定用接近4号口径的霰弹枪，能够把催泪弹准确地投掷至100～150米远。为了达到预期的精度，还决定使用线膛枪管。按照这样的要求，中央科研精密机械设备建设研究所在1981年设计出了23毫米口径的KS-23霰弹枪。

KS-23霰弹枪采用泵动原理供弹，管状弹仓并列于枪管下方，再加上所发射的弹药和霰弹结构很相似，都是铜弹底和纸壳，所以在许多资料中都被称为霰弹枪。但该枪却采用线膛枪管，其名称KS-23的意思其实是“23毫米特种卡宾枪”。至今为止，KS-23霰弹枪依旧是俄罗斯执法部队所使用的防暴武器。KS-23霰弹枪还有一种民用型，名为TOZ-123，与KS-23原型相比，改为标准的4号口径滑膛枪管。

制造商：图拉兵工厂

服役时间：1970年至今

枪机种类：泵动式

供弹方式：3发可拆式弹匣

基本参数	
口径	23毫米
全长	1040毫米
空重	3.85千克
有效射程	150米
枪口初速	210米/秒

苏联/俄罗斯Saiga-12霰弹枪

Saiga-12霰弹枪由伊兹马什公司在20世纪90年代早期研制，其结构和原理基于AK系列突击步枪，包括长行程活塞导气系统，两个大形闭锁凸笋的转栓式枪机、盒形弹匣供弹。

Saiga-12霰弹枪有点410、20号和12号三种口径。每种口径都至少有三种类型，分别有长枪管和固定枪托、长枪管和折叠式枪托、短枪管和折叠枪托。后者主要适合作为保安、警察和自卫武器，而且广泛地被俄罗斯执法人员和私人安全服务机构使用。作为一种可靠又有效的近距离狩猎或近战用霰弹枪，Saiga-12霰弹枪的优点是比伯奈利公司、弗兰基公司生产的霰弹枪以及其他著名的西方霰弹枪要便宜得多。

制造商：伊兹马什公司

服役时间：1997年至今

枪机种类：转栓式枪机

供弹方式：8发可拆式弹匣

基本参数	
口径	18.53毫米
全长	1145毫米
空重	3.6千克
有效射程	100米
枪口初速	280米/秒

南非“打击者”霰弹枪

“打击者”霰弹枪是由南非枪械设计师希尔顿·沃克于20世纪80年代研制并且由哨兵武器有限公司生产的防暴控制和战斗用途霰弹枪，发射12号口径霰弹。在80年代中期，这种霰弹枪向世界各地如南非、美国和其他一些国家都有出售。

“打击者”霰弹枪的主要优点是弹容量大，相当于当时传统霰弹枪弹容量的两倍，而且具有速射能力。虽然它在这方面是成功的，但另一方面却有着它的明显缺陷，其旋转式弹巢型弹鼓的体积也过大，而且装填速度较慢，一些基本动作并不是没有缺陷。

制造商：哨兵武器有限公司

服役时间：1993年至今

枪机种类：纯双动操作

供弹方式：7/12发弹鼓

基本参数	
口径	18.53毫米
全长	792毫米
空重	4.2千克
有效射程	40米
枪口初速	260米/秒

韩国USAS-12霰弹枪

USAS-12是由美国吉尔伯特设备有限公司在20世纪80年代设计，交由韩国大宇集团所生产的一种全自动战斗霰弹枪，发射12号口径霰弹。

USAS-12霰弹枪采用导气式操作原理，导气系统位于枪管上方，枪机为回转式闭锁原理，为了降低后坐力，采用枪机长行程后坐，这样也降低了全自动时的射速。USAS-12霰弹枪用大容量弹匣或弹鼓供弹，容弹量分别为10发和20发，这两种供弹具均由聚合物制成，其中弹鼓的背板为半透明材料，能够让射手观察余弹数。但该枪的缺点是体积笨重，虽然这样的重量有助于抵消部分后坐力，但不便于士兵携带出行。

制造商：大宇集团

生产时间：1989年至今

枪机种类：转栓式枪机

供弹方式：10/20发可拆式弹匣

基本参数	
口径	18.53毫米
全长	960毫米
空重	5.5千克
有效射程	40米
枪口初速	300~400米/秒

机枪

机枪是指全自动以及可快速连续发射的枪械。机枪为了满足连续射击的稳定需要，通常备有两脚架及可安装在三脚架或固定枪座上，以扫射为主要攻击方式，透过密集火网压制对方火力点或掩护己方进攻。除了攻击有生目标之外，机枪也能射击其他无装甲防护或薄装甲防护的目标。

美国M60通用机枪

M60通用机枪从20世纪50年代末开始在美军服役，直到现在依旧是美军的主要步兵武器之一。

M60通用机枪的性能比较优秀，但也有一些设计上的缺点，例如早期型M60的机匣进弹有问题，需要托平弹链才可正常射击。而且该枪的较重，不利于士兵携带，射速也相对较低，在压制敌人火力点的时候有点力不从心。

制造商：萨科防务公司

服役时间： 1957年至今

枪机种类：气动式、开放式枪机

供弹方式：50/100/200发可拆式弹匣

基本参数	
口径	7.62毫米
全长	1077毫米
空重	12千克
有效射程	1100米
枪口初速	853米/秒

小知识

随着多种相同功用机枪的出现及轻兵器小口径化，M60通用机枪的设计已显得过时，除部分特种部队外，美军以M240通用机枪作取代，而M60B/C/D车载型及航空机枪则依然在使用。

美国M60E3轻机枪

M60E3轻机枪保留了早期M60通用机枪的所有功能，并增加了一些新特点，使其发展成为一种重量更轻、用途更广泛的机枪。M60E3轻机枪于1985年开始装备美军，共装备约2万挺，其他国家也有少量装备。目前，美国已经不再生产M60E3轻机枪。

M60E3轻机枪的标配枪管是重量轻的突击枪管，除此之外，还有两种枪管可供选择：一种是重量轻、长度短的枪管，供突击和需要灵活机动的任务使用；另一种是重枪管，用于需要持续射击的任务。

制造商：萨科防务公司

服役时间：1980年至今

枪机种类：气动式、开放式枪机

供弹方式：50/100/200发可拆式弹匣

基本参数	
口径	7.62毫米
全长	1077毫米
空重	8.8千克
有效射程	1100米
枪口初速	853米/秒

美国M60E4轻机枪

M60E4轻机枪是在M60E3轻机枪的基础上改进而来的，两者从工作原理到部件设计上都继承了过去的M60轻机枪，并融入了导轨接口系统等“时尚”设计，使其可靠性和使用舒适性都得到了提升，用途更加广泛。目前，M60E4轻机枪已被美国海军采用，并正式命名为MK43轻机枪。

M60E4轻机枪下护手侧面增设了导轨，遮住了枪管侧面，而且内部有铝制隔热层，因此可以防止连续射击时灼热枪管烫手。M60E3轻机枪的前握把为手枪握把形状，M60E4轻机枪的前握把为扫帚把形状的整体式垂直握把，装在下护手下方的导轨上，使用比较舒适。

制造商：萨科防务公司

服役时间：1994年至今

枪机种类：气动式、开放式枪机

供弹方式：50/100/200发可拆式弹匣

基本参数	
口径	7.62毫米
全长	1105毫米
空重	10.5千克
有效射程	1100米
枪口初速	853米/秒

美国M249轻机枪

M249轻机枪是美国以比利时FN公司的FN Minimi轻机枪为基础改进而成的，从1984年开始至今在美军服役。

M249轻机枪使用装有200发弹链供弹，在必要时也能使用弹匣供弹。该枪在护木下配有可折叠式两脚架，并可调整长度，也能换用三脚架。此外，与 FN Minimi轻机枪相比，M249轻机枪的改进包括加装枪管护板、采用新的液压气动后坐缓冲器等。

制造商：FN公司

服役时间：1984年至今

枪机种类：气动式、开放式枪机

供弹方式：M27弹链

基本参数	
口径	5.56毫米
全长	1041毫米
空重	7.5千克
有效射程	1000米
枪口初速	915米/秒

小知识

电影《13小时：班加西的秘密士兵》中的M249伞兵PIP型轻机枪，至少有一挺装有ACOG光学瞄准镜，被约翰·“提格”·提根和克里斯·“坦托”·帕伦多在内的AST队员所使用。

美国斯通纳63轻机枪

斯通纳63轻机枪是由尤金·斯通纳设计的。越南战争中，该枪是美国“海豹”突击队的主要武器之一。

斯通纳63轻机枪采用开放式枪机设计，机匣右边供弹，左边抛壳，导气管位于枪管下方。该枪所使用的5.56×45毫米北约制式可散式弹链在改进后成了M27弹链，也就是现代美军和北约国家通用的轻机枪弹链。除此之外，斯通纳63轻机枪的枪管不仅能够快速更换，还可以在轻机枪与步枪之间转换。该枪具有良好的可靠性和通用性，即使是在潮湿闷热的越南丛林依然能有效地运作。

制造商：凯迪拉克盖集公司

服役时间：1963～1983年

枪机种类：转栓式枪机

供弹方式：30/100发可拆式弹匣

基本参数	
口径	5.56毫米
全长	1022毫米
空重	5.3千克
有效射程	500米
枪口初速	990米/秒

美国阿瑞斯“伯劳鸟”轻机枪

“伯劳鸟”轻机枪由美国阿瑞斯防务系统公司研制生产。该枪的主要特点是既可以达到轻机枪的实际射速，又能够像突击步枪那样轻盈和紧凑。阿瑞斯防务系统公司的目的就是让“伯劳鸟”轻机枪成为最轻的弹链供弹机枪。

后来阿瑞斯防务系统公司在“伯劳鸟”轻机枪的基础上又研发并推出了EXP-1、EXP-2和阿瑞斯AAR等不同的衍生型号。这些衍生型配备了5条MIL-STD-1913战术导轨，这使它们能够安装各种商业型光学瞄准镜、反射式瞄准镜、红点镜、全息瞄准镜、夜视镜、热成像仪和战术灯等。

制造商：阿瑞斯防务系统公司

生产时间：2002年至今

枪机种类：气冷式转栓式枪机

供弹方式：20/30/100发可拆式弹匣

基本参数	
口径	5.56毫米
全长	711.2～1016毫米
空重	3.4千克
有效射程	500米
枪口初速	900米/秒

美国M1941轻机枪

M1941最开始被设计出来时是一种采用短程反冲复进机构的军用步枪，后来经过一系列的改进之后才变成了轻机枪。与当时很流行的M1918轻机枪相比，M1941轻机枪的优势是重量轻和分解结合比较容易。但美中不足的是，M1941轻机枪在使用一段时间之后，枪管会有一点点扭曲变形的状况。

美军在太平洋战争中装备了M1941轻机枪，但在使用中发现，该枪不能适应沙尘和泥水的环境，虽然后来有经过改良（改良版为M1944约翰逊轻机枪）但依旧没能解决核心问题，于是1944年该枪停产。二战结束后，美国有不少的枪械设计都使用了M1941轻机枪的设计概念，例如AR－10自动步枪和AR－15自动步枪。

制造商：FMA公司

服役时间：1941～1945年

枪机种类：后坐作用式

供弹方式：20发可拆式弹匣

基本参数	
口径	7.62毫米
全长	1100毫米
空重	5.9千克
有效射程	548米
枪口初速	853.6米/秒

小知识

M1941轻机枪的使用者并不多，主要有海军陆战队及美军的第一特战军团，因为他们的作战能力较强，所以德军都称他们为魔鬼兵团。

美国M1917重机枪

M1917重机枪是美国著名枪械设计师勃朗宁研发的，于1917年成为美军制式武器，其原型最早于1900年研发，并获得专利，是一战和二战中美军的主力重机枪。

M1917重机枪的枪管使用水冷方式冷却，在枪管外套上有一个能容纳3.3升水的套筒。虽然该枪的体积不算太大，但是算上脚架却重达47千克，十分笨重。除了这些之外，M1917重机枪总体来说性能还算优秀，在一战中被广泛使用，二战以及之后的局部战争中也有使用。

制造商：西屋电气公司

服役时间：1917～1960年

枪机种类：枪管短后坐式

供弹方式：250发布制弹链

基本参数	
口径	7.62毫米
全长	965毫米
空重	47千克
有效射程	900米
枪口初速	853米/秒

美国M2重机枪

M2重机枪其实是M1917重机枪的口径放大重制版本。1921年，新枪完成基本设计，1923年美军把当时的M2命名为M1921，并用于防空及反装甲用途。

M2重机枪使用12.7毫米口径北约制式弹药，拥有高火力、弹道平稳、极远射程等优点，每分钟450～550发（二战时空用版本为每分钟600～1200发）的射速及后坐作用系统令其在全自动发射时非常稳定，射击精准度高。

制造商：比利时FN公司

服役时间：1933年至今

枪机种类：后坐作用

供弹方式：M9弹链供弹

基本参数	
口径	12.7毫米
全长	1650毫米
空重	38千克
有效射程	1830米
枪口初速	930米/秒

小 知 识

M2重机枪主要用于步兵架设的火力阵地及军用车辆，如坦克、装甲运兵车等，其主要用途是攻击轻装甲目标，集结有生目标以及低空防空。

美国M61重机枪

M61重机枪主要用于短程的空对空射击用途，弥补在这个范围内因为距离太短、应变时间不足而无法使用导弹等较复杂装备的缺陷。

M61重机枪的6根枪管在每转一圈的过程中只需轮流击发一次，因此无论是产生的温度或是造成的磨损，都可以限制在最低程度内。除此之外，该机炮还可以做到每秒钟高达100发的高速射击，这让战机驾驶员能在最短时间内以最大火力击杀对手。

制造商：通用动力公司

服役时间：1959年至今

枪机种类：液压或冲压驱动

供弹方式：弹链供弹

基本参数	
口径	20毫米
全长	1827毫米
空重	112千克
射速	6000发/分
枪口初速	1050米/秒

小知识

目前，美军主要将M61重机枪安装在飞机、装甲车和舰艇等平台，能够在短时间内以最大的火力攻击对手。

美国M134重机枪

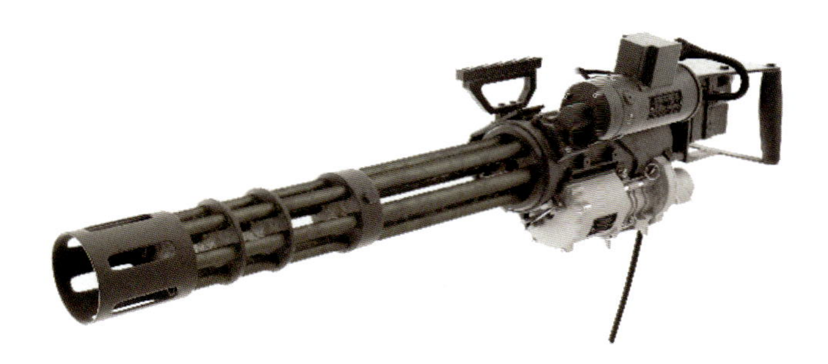

M134重机枪于1963年研发，并在当年服役，主要装备于武装车辆、舰船以及各型飞机。由于该枪火力威猛、弹速密集，因此常常被戏称为“迷你炮”。即使该枪已诞生50多年，但依旧在多个国家的军队中服役，其中包括美国、英国、奥地利、法国、德国、澳大利亚和加拿大等。

M134重机枪采用的是加特林机枪原理，用电动机带动6根枪管转动，在转动的过程中依次完成输弹入膛、闭锁、击发、退壳、抛壳等系列动作。其电机电源为24～28伏直流电，工作电流为100安，启动电流为300安。

制造商：通用电气公司

服役时间：1963年至今

枪机种类：电动机驱动的旋转膛室

供弹方式：弹链供弹

基本参数	
口径	7.62毫米
全长	800毫米
空重	15.9千克
有效射程	1000米
枪口初速	869米/秒

美国M1919A4重机枪

珍珠港事件后，M1919A4重机枪逐步取代了大多数M1917重机枪及其改进型M1917A1重机枪，成为二战期间美国陆军最主要的连级机枪，直至大战结束后许多国家的军队还继续装备了一段时间。

M1919A4重机枪的全枪重量大为减轻，既可车载又可用于步兵携行作战。外观上明显的特征是枪管外部有一散热筒，筒上有散热孔，散热筒前有助退器。除此之外，该枪与M1917A1重机枪一样，采用枪管短后坐式工作原理，卡铁起落式闭锁机构。

制造商：美国军械局

服役时间：1919年至今

枪机种类：全自动，风冷式

供弹方式：M9弹链供弹

基本参数	
口径	7.62毫米
全长	964毫米
空重	14千克
有效射程	1500米
枪口初速	850米/秒

小 知 识

M1919A4重机枪转移阵地时至少需要2～3人来操作，一人扛机枪，另一人扛三脚架。

美国M1919A6重机枪

M1919A6重机枪的研制目的是为了弥补美军战场上火力空缺，其设计借鉴于M1919A4重机枪等。1943年2月17日，美军正式将这种改进型武器列入制式装备，并命名为M1919A6重机枪。

M1919A6重机枪继承了一些M1919A4重机枪的优点，但两种机枪相比，M1919A6比M1919A4的重量要轻，这样增加了机动能力。M1919A6重机枪不仅在散热筒前增加了两脚架，还增加了鱼尾形的枪托，这样能够兼作轻机枪用。该枪空重达14.7千克，事实证明它不能完全满足战场上官兵们作战地点不断变化的要求。尽管如此，该枪仍生产了43000挺。

制造商：柯尔特公司

服役时间：1919年至今

枪机种类：枪管短后坐式

供弹方式：弹链供弹

基本参数	
口径	7.62毫米
全长	1346毫米
空重	14.7千克
有效射程	1000米
枪口初速	850米/秒

美国XM312重机枪

XM312重机枪主要用于取代美军的M2重机枪，于2000年开始研制，采用了很多超前技术。由于该枪的设计优秀，而且还使用了很多高新科技，因此它的后坐力很小，但射击精度极高，而且还配置了新型的夜视装置，能够在夜间执行射击任务。

虽然XM312重机枪整体性能优秀，但是在一些方面依然有所不足，比如成本。由于该枪采用了非常复杂的降低后坐力系统，所以成本较高，而且这种系统还影响机枪射速。

制造商：通用动力公司

生产时间：2000～2008年

枪机种类：混合气动及枪管短后坐作用

供弹方式：弹链供弹

基本参数	
口径	12.7毫米
全长	1350毫米
空重	13.6千克
有效射程	2000米
枪口初速	840米/秒

英国刘易斯轻机枪

刘易斯轻机枪最初由塞缪尔·麦肯林设计，后来由美国陆军上校艾萨克·牛顿·刘易斯完成研发工作。刘易斯轻机枪不仅经历过一战和二战，还曾经广泛装备英联邦国家。

刘易斯轻机枪的性能和实用性都十分优秀，1915年被英军采用，并作为制式轻机枪。

刘易斯轻机枪的散热设计非常独特，枪管外包有又粗又大的圆柱形散热套管，里面装有铝制的散热薄片。射击时，火药燃气向前高速喷出，在枪口处形成低压区，使空气从后方进入套管，并沿套管内散热薄片形成的沟槽前进，带走热量。这种独创的抽风式冷却系统比当时机枪普遍采用的水冷装置更为轻便实用。

制造商：伯明翰轻武器有限公司

服役时间：1915～1953年

枪机种类：导气式

供弹方式：47/97发弹鼓

基本参数	
口径	7.7毫米
全长	1283毫米
空重	11.8千克
有效射程	800米
枪口初速	745米/秒

小 知 识

刘易斯轻机枪最初由塞缪尔·麦肯林设计，后来由美国陆军上校I. N.刘易斯完成研发工作。

英国布伦轻机枪

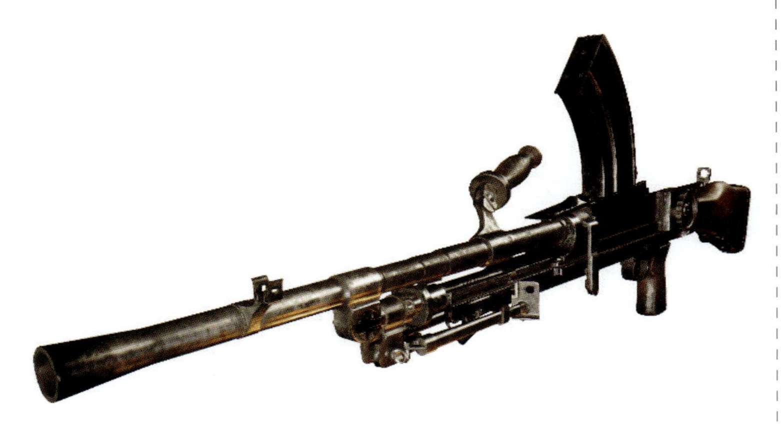

布伦轻机枪是英国在二战中装备的主要轻机枪之一，同时也是二战中最好的轻机枪之一。

布伦轻机枪采用导气式工作原理，枪机偏转式闭锁方式。该枪的枪管口装有喇叭状消焰器，在导气管前端有气体调节器，并设有4个调节挡，每一挡对应不同直径的通气孔，能够调整枪弹发射时进入导气装置的火药气体量。该枪拉机柄可折叠，并在拉机柄、抛壳口等机匣开口处设有防尘盖。

制造商：恩菲尔德兵工厂等

服役时间：1938～1958年

枪机种类：长行程导气式活塞

供弹方式：20/30/100发弹匣

基本参数	
口径	7.62毫米
全长	1156毫米
空重	10.35千克
有效射程	550米
枪口初速	743.7米/秒

英国马克沁重机枪

马克沁重机枪是由海勒姆·马克沁于1883年发明的，原型枪在1884年10月招待客人时首次对外展示。马克沁重机枪的发明对其他国家重机枪的设计有着较大的影响。

由于枪管连续的高速发射子弹，会导致发热，为了解决这一问题，马克沁重机枪采用水冷方式帮助枪管冷却。为了保证有足够子弹满足这种快速发射的需要，马克沁发明了帆布子弹带，带长6.4米，容量333发。弹带端还有锁扣装置，以便可以连接更多子弹带。

制造商：马克沁公司

服役时间：1889～1945年

枪机种类：全自动

供弹方式：250发布制弹链

基本参数	
口径	7.69毫米
全长	1079毫米
空重	27.2千克
有效射程	1000米
枪口初速	744米/秒

小 知 识

为了保证有足够子弹满足这种快速发射的需要，马克沁发明了帆布子弹带，随后马克沁又发明了一种后来被广泛效仿的油压缓冲器，使机枪能够更改发射子弹的速度。

英国维克斯重机枪

维克斯重机枪是马克沁重机枪的衍生品，而且是衍生品中最优秀的一种。基于马克沁重机枪成功的设计，维克斯重机枪做了一系列的改进。在1918年8月攻占海伍德（High Wood）的战争中，英军首次将共10挺的维克斯重机枪投入实战，并创造了在12小时内平均每挺机枪发射约10万发子弹的记录。

为了避免在持续射击时枪管过热，维克斯重机枪配备了可快速更换的枪管，包覆于连接了容量4升的冷凝罐的水桶中。一般来说，维克斯重机枪连续发射约3000发子弹后，水桶中的水就会达到沸点；此后，每发射约1000发子弹，就会蒸发约1升的水。但是如果用一根橡胶管把水桶与冷凝罐连接起来，就能够令水循环使用。

制造商：维克斯-阿姆斯特朗公司

服役时间：1912～1968年

枪机种类：后坐式，水冷却

供弹方式：250发布制弹链

基本参数	
口径	7.7毫米
全长	1156毫米
空重	18.2千克
有效射程	1500米
枪口初速	744米/秒

小 知 识

二战中英军对维克斯重机枪的战术编制通常是，每个步兵营拥有由4～6挺维克斯重机枪组成的机枪排，一般由一名军士负责指挥2挺，因为2挺机枪在大多数情况下足以提供密集的火力支援。有一点值得注意的是，维克斯重机枪是一种水冷式的机枪，所以无论何时何地都要确保有足够的水来冷却枪管。

德国MG3通用机枪

MG3通用机枪是莱茵金属公司所生产的弹链供弹通用机枪。该枪以钢板压制方式生产，采用后坐力枪管后退式作用运作，内有一对滚轴的滚轴式闭锁枪机系统，这种设计令枪管在发射时会不断水平来回移动，当枪管移至机匣内部到尽时，闭锁会开启，在MG3通用机枪的枪管进行连续射击时，这个过程会在枪管护套内不断地快速重复。此系统属于一种全闭锁系统，而枪管亦会溢出射击时的瓦斯，并在枪口四周呈星形喷出，在夜间容易产生巨大的射击火焰。MG3通用机枪只能全自动发射，当开启保险制时击锤会锁定，无法释放。

MG3通用机枪的枪托以聚合物料制造，护木下方装有两脚架及采用射程可调的开放式照门，机匣顶部亦有一个防空用的照门。当加装三脚架作阵地固定式机枪时，会加装一个机枪用望远式瞄准镜作长程瞄准用途。

制造商：莱茵金属公司

服役时间：1969年至今

枪机种类：后坐作用、滚轴式闭锁

供弹方式：50/100发弹链

基本参数	
口径	7.62毫米
全长	1225毫米
空重	11.5千克
有效射程	1200米
枪口初速	820米/秒

小知识

MG3通用机枪的瞄准装置有地面瞄准具和高射瞄准具两种，地面瞄准具由U形缺口照门和准星组成，高射瞄准具则是由同心环状的前照准器和位于表尺左侧的后照准器组成。

德国MG13轻机枪

MG13轻机枪是由M1918水冷式轻机枪改造而来的。该枪是德军在20世纪30年代的主要武器装备之一，并在二战中广泛使用。MG13轻机枪的气冷式枪管可迅速更换，发射机构不仅可进行连发射击，也能单发射击。该枪设有空仓挂机，即最后一发子弹射出后，使枪机停留在弹仓后方。

MG13轻机枪使用25发弧形弹匣供弹，也可使用75发弹鼓，所用弹药为德国毛瑟98式7.92毫米枪弹，弹壳为无底缘瓶颈式。除此之外，该枪使用机械瞄准具，配有弧形表尺，折叠式片状准星和U形缺口式照门。

制造商：西姆森公司

服役时间：1930～1945年

枪机种类：短冲程后坐作用

供弹方式：25/75发弹链

基本参数	
口径	7.92毫米
全长	1148毫米
空重	12千克
有效射程	2000米
枪口初速	838米/秒

小 知 识

当MG34通用机枪出现后，德国人将MG13轻机枪卖给西班牙和葡萄牙，但西班牙依旧保留MG13的命名。

德国MG15航空机枪

MG15航空机枪是莱茵金属公司在MG30轻机枪基础上研制的，二战中曾将其临时装上枪托和脚架作地面武器使用。到了二战中后期，由于各国飞机的防护性能提升，所以该枪的威力已经不能满足空战需要，因此许多MG15航空机枪从飞机上拆下，经改造后装备德国空军地面部队。

MG15航空机枪采用枪管短后坐式工作原理，供弹机构为马鞍形弹鼓。击发机构为击针式，利用复进簧能量击发。发射机构为连发发射机构，由阻铁直接控制枪机成待发状态。

制造商：莱茵金属公司

服役时间：1915~1941年

枪机种类：后坐作用

供弹方式：75发弹鼓

基本参数	
口径	7.9毫米
全长	1078毫米
空重	12.4千克
有效射程	800米
枪口初速	755米/秒

德国MG17航空机枪

MG17航空机枪是二战中德国空军固定在飞机上使用的一种航空机枪，由莱茵金属公司制造。该枪曾被安装在Bf-109、Bf-110、Fw-190、Ju-87、Ju-88C、He-111等作战飞机上。

到了二战后期，MG17航空机枪开始被更大口径的机枪和机炮代替，到了1945年几乎没有飞机再使用这种机枪了。另外，部分MG17航空机枪还被改装为步兵使用的重型武器。截止到1944年1月1日，德国官方公布的生产数量为24271挺。

制造商：莱茵金属公司

服役时间：1934~1944年

枪机种类：枪管后坐作用

供弹方式：500发弹药箱

基本参数	
口径	8毫米
全长	1175毫米
空重	10.2千克
有效射程	800米
枪口初速	855米/秒

德国MG30轻机枪

MG30轻机枪是莱茵金属公司于20世纪30年代研制的。尽管只有少量该枪装备于德军，但该枪却开启了德国气冷式轻机枪的先河，为后来研制出MG15通用机枪、MG17航空机枪、MG34通用机枪以及大名鼎鼎的MG42通用机枪奠定了坚实可靠的技术基础。

MG30轻机枪的结构十分简单，容易大规模生产，采用弹匣供弹，性能比较可靠。MG30轻机枪大部分被奥地利和瑞士军队所装备，由于MG34通用机枪的出现，MG30轻机枪很快便从一线部队退出，仅在二线部队中使用。

制造商：莱茵金属公司

服役时间：1930 ~ 1940年

枪机种类：短冲程后坐作用式

供弹方式：30发弹匣

基本参数	
口径	7.92毫米
全长	1175毫米
空重	12千克
有效射程	1000米
枪口初速	808米/秒

小 知 识

德国国防军拒绝接收MG30轻机枪，其原因是当时德国军队始终受到《凡尔赛条约》限制。所以后来莱茵金属公司便将MG30轻机枪的生产权授予了瑞士苏罗通公司和奥地利斯太尔公司。

德国MG34通用机枪

MG34通用机枪是20世纪30年代德军步兵的主要机枪，也是其坦克及车辆的主要防空武器。该枪是世界上第一种大批量生产的现代通用机枪，不仅能够作为轻机枪使用，还可作为重机枪使用。二战中，德国还生产了许多MG34通用机枪的改良型机枪，比如MG34S和MG34/41通用机枪等。

MG34通用机枪的发射机构具有单发和连发功能，扣压扳机上凹槽时为单发射击，扣压扳机下凹槽或用两个手指扣压扳机时为连发射击。MG34通用机枪可用弹链直接供弹，作轻机枪使用时的弹链容弹量为50发，作重机枪使用时弹链容弹量为250发，除此之外，该枪还可用75发非弹链的双室弹鼓挂于机匣左面作供弹。

制造商：毛瑟公司

服役时间：1935～1945年

枪机种类：气动式

供弹方式：50/200发弹链、75发弹鼓

基本参数	
口径	7.92毫米
全长	1219毫米
空重	12.1千克
有效射程	800米
枪口初速	755米/秒

德国MG42通用机枪

MG42通用机枪是德国于20世纪30年代研制的，它是二战中最著名的机枪之一。MG34通用机枪装备德军后，因其在实战中表现出较好的可靠性，很快得到了德国军方的肯定，从此成为德国步兵的火力支柱。但美中不足的是，MG34通用机枪有一个比较严重的缺点，即结构复杂，而复杂的结构直接导致制造工艺的复杂，因此不能大批量地生产。

MG42通用机枪采用枪管短后坐式工作原理，滚柱撑开式闭锁机构，击针式击发机构。该枪的供弹机构与MG34通用机枪相同，但发射机构只能连发射击，机构中设有分离器，不管扳机何时放开，均能保证阻铁完全抬起，以保护阻铁头不被咬断。

制造商：毛瑟公司

服役时间：1942～1959年

枪机种类：滚轮式枪机

供弹方式：50/250发弹链

基本参数	
口径	7.92毫米
全长	1120毫米
空重	11.57千克
有效射程	1000米
枪口初速	755米/秒

小知识

MG42通用机枪的射速极高，每分钟高达1500发，射击时，不同于其他机枪，具有类似“撕裂布匹”的枪声，因此盟军称之为“希特勒的电锯”。

德国HK21通用机枪

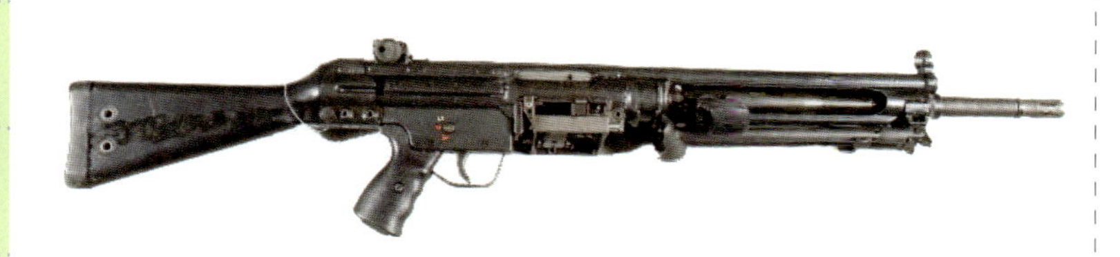

HK21通用机枪是HK公司于1961年以HK G3自动步枪为基础研制的，目前仍在亚洲、非洲和拉丁美洲多个国家的军队中服役。

HK21通用机枪采用击发调变式滚轮延迟反冲式闭锁。枪机上有两个圆柱滚子作为传输元件，以限制驱动重型枪机框的可动闭锁楔铁。值得一提的是，该枪除配用两脚架作轻机枪使用外，还可装在三脚架上作重机枪使用。两脚架可安装在供弹机前方或枪管护筒前端两个位置，不过安装在供弹机前方时，虽可增大射界，但其精度有所下降；安装在枪管护筒前端时，虽然射界减小，但能提高射击精度。

制造商：HK公司

服役时间：1961年至今

枪机种类：滚轮延迟反冲式

供弹方式：弹链供弹

基本参数	
口径	7.62毫米
全长	021毫米
空重	7.92千克
有效射程	1200米
枪口初速	800米/秒

苏联/俄罗斯RPD轻机枪

RPD轻机枪是捷格加廖夫于1943年设计的，有着结构简单紧凑、重量较轻、使用和携带较为方便等优点。

RPD轻机枪采用导气式工作原理，闭锁机构基本由DP轻机枪改进而成，属中间零件型闭锁卡铁撑开式，借助枪机框击铁的闭锁斜面撞开闭锁片实现闭锁。该枪采用弹鼓供弹，供弹机构由大、小杠杆，拨弹滑板，拨弹机，阻弹板和受弹器座等组成，弹链装在弹鼓盒内，弹鼓盒挂在机枪的下方。

制造商：科夫罗夫机械厂

服役时间：1944年至今

枪机种类：气动式

供弹方式：100发弹鼓

基本参数	
口径	7.62毫米
全长	1037毫米
空重	7.5千克
有效射程	800米
枪口初速	735米/秒

小 知 识

RPD轻机枪是二战后苏联的第一代班用支援武器，在相当长一段时间里作为华沙条约组织的制式轻机枪。

苏联/俄罗斯RPK轻机枪

RPK轻机枪是以AKM突击步枪为基础发展而成的，具有重量轻、机动性强和火力持续性较好等优点。与AKM突击步枪相比，RPK轻机枪的枪管有所增长，而且还增大了枪口初速。

RPK轻机枪的弹匣由合金制成，并能够与原来的钢制弹匣通用，后期还研制了一种玻璃纤维塑料压模成型的弹匣。该枪的护木、枪托和握把均采用树脂合成材料，以降低枪支重量并增强结构。RPK轻机枪还配备了折叠的两脚架以提高射击精度，但由于射程较远，因此其瞄准具还增加了风偏调整。

制造商：维亚茨基耶波利亚内机械制造厂

服役时间：1959年至今

枪机种类：长行程导气式活塞、转栓式枪机

供弹方式：60/100发弹匣

基本参数	
口径	7.62毫米
全长	1040毫米
空重	4.8千克
有效射程	1000米
枪口初速	745米/秒

苏联/俄罗斯PK/PKM通用机枪

1959年，PK通用机枪开始少量装备苏军的机械化步兵连。20世纪60年代初，苏军正式用PK通用机枪取代了SGM轻机枪，之后，其他国家也相继装备PK通用机枪。

PK通用机枪的原型是AK-47突击步枪，两者的气动系统及回转式枪机闭锁系统相似。PK通用机枪枪机容纳部用钢板压铸成形法制造，枪托中央也挖空，并在枪管外围刻了许多沟纹，以致PK通用机枪的枪重只有8.99千克。PK通用机枪发射7.62×54毫米口径弹药，弹链由机匣右边进入，弹壳在左边排出。

制造商：捷格佳廖夫设计局

服役时间：1960年至今

枪机种类：气动式、开放式枪机

供弹方式：弹链供弹

基本参数	
口径	7.62毫米
全长	1173毫米
空重	8.99千克
有效射程	1000米
枪口初速	825米/秒

小 知 识

电影《浴血任务2》中，PKM通用机枪被故事开头的尼泊尔叛军所使用。在电视剧《最致命战士》中，索马里海盗所使用的也是PKM通用机枪。

俄罗斯AEK-999通用机枪

AEK-999通用机枪是由PKM通用机枪改进而来的。为了提高耐用性，该枪大部分零件的材料采用航炮炮管用钢材。枪管有一半的长度外表有纵向加劲肋，起加速散热的作用，枪管顶部有一条长形的金属盖，作用是减少枪管散热对瞄准线产生的虚影现象。另外，枪管下增加了塑料制的下护木，便于在携行时迅速进入射击姿势。

值得一提的是，AEK-999通用机枪有一个十分独特的装置，那就是它的多用途枪口装置——枪口消声消焰器。这个装置具有提高精度、降低枪口噪音、削弱射击声音等特点。消除枪口焰光，能使射手在夜间射击时不会被枪口火焰影响视线。

制造商：KMZ兵工厂

服役时间：1995～2006年

枪机种类：气动式、开放式枪机

供弹方式：弹链供弹

基本参数	
口径	7.62毫米
全长	1188毫米
空重	8.74千克
有效射程	1500米
枪口初速	825米/秒

小 知 识

AEK-999通用机枪可以端在手里面进行射击，不过这得力量比较强的射手才行，力量小的士兵不便操作。AEK-999通用机枪全长1188毫米，其中枪管的长度为605毫米，有效射程1500米，枪口初速825米/秒，射速650发/分。

俄罗斯Pecheneg通用机枪

Pecheneg通用机枪是由俄罗斯联邦工业设计局研发设计的，其设计理念借鉴了PK通用机枪。

与PK通用机枪相比，Pecheneg通用机枪主要的改进有几点：首先，该枪使用了一根具有纵向散热开槽的重型枪管，从而消除在枪管表面形成上升热气并可以保持枪管冷却，使其射击精准度更高，可靠性更好；其次，该枪能够在机匣左侧的瞄准镜导轨上安装各种快拆式光学瞄准镜或是夜视瞄准镜，以额外增加其射击精准度。

制造商：俄罗斯联邦工业设计局

服役时间：1999年至今

枪机种类：气动式

供弹方式：100/200/250发弹链

基本参数	
口径	7.62毫米
全长	1155毫米
空重	8.7千克
有效射程	1500米
枪口初速	825米/秒

苏联SG43重机枪

SG43重机枪是二战中苏联军队的制式装备，主要作用是增强捷格加廖夫系列轻机枪的火力，用来对付低空飞行目标。

SG43重机枪采用导气式工作原理，闭锁机构为枪机偏转式，机框上的靴形击铁与枪机上的靴形槽相互作用，使枪机偏转，进行闭锁。该枪瞄准装置由圆柱形准星和立框式表尺组成，照门为方形缺口式，上有横表尺，可进行风偏修正。表尺框左边刻度为发射重弹用的分划，右边刻度为发射轻弹用的分划。

制造商：科夫罗夫机枪厂

服役时间：1943～1968年

枪机种类：气动式

供弹方式：200/250发弹链

基本参数	
口径	7.62毫米
全长	1150毫米
空重	13.8千克
有效射程	1500米
枪口初速	800米/秒

苏联/俄罗斯NSV重机枪

NSV重机枪在1971年推出，用于取代苏军的DShK重机枪，1972年正式装备。NSV重机枪被很多国家特许生产，如波兰、南斯拉夫、印度、保加利亚等。

由于NSV重机枪整体性能卓越，且多处结构有所创新，因此该枪曾被华沙条约成员国广泛用作步兵通用机枪，其地位与勃朗宁M2重机枪不分伯仲。NSV重机枪全枪大量采用冲压加工与铆接装配工艺，这样不仅简化了结构，还减轻了全枪重量，生产性能也较好。即使在恶劣条件下使用时，该枪比DShK重机枪的性能更可靠，机匣的结构能确保射击中火药燃气后泄少，从而可作车载机枪或在阵地上使用。NSV重机枪无传统的抛壳挺，弹壳被枪机的抽壳钩钩住，从枪膛拉出，枪机后坐时利用机匣上的杠杆使弹壳从枪机前面向右滑，偏离下一发弹的轴线。

制造商：中央体育和狩猎武器设计研究局

服役时间：1971年至今

枪机种类：气动式

供弹方式：50发弹链

基本参数	
口径	12.7毫米
全长	1560毫米
空重	25千克
有效射程	2000米
枪口初速	845米/秒

小 知 识

由于NSV重机枪体积比较大，而且它的质量也并非一两个人可以承受得住，所以运输时需要至少几个机枪手帮忙挪动。

苏联/俄罗斯Kord重机枪

Kord重机枪的设计目的是对付轻型装甲目标。目前，Kord重机枪已经建立了其生产线，正式通过了俄罗斯军队测试并且被俄罗斯军队所采用。

Kord重机枪的性能、构造和外观上都类似于NSV重机枪，但内部机构已经做了大量的重新设计。这些新的设计让该枪的后坐力比NSV重机枪小了很多，也让其在持续射击时有更高的射击精准度。Kord重机枪新增了构造简单、可以让步兵队更容易使用的6T19轻量两脚架，这样使该枪能够利用两脚架协助射击。

制造商：V.A.狄格特亚耶夫工厂

服役时间：1998年至今

枪机种类：转栓式枪机

供弹方式：50/150发弹匣

基本参数	
口径	12.7毫米
全长	1625毫米
空重	27千克
有效射程	2000米
枪口初速	820~860米/秒

比利时FN MAG通用机枪

FN MAG通用机枪的设计借鉴了美国M1918轻机枪和德国MG42通用机枪。由于其具有战术使用广泛、射速可调、结构坚实、机构动作可靠、适于持续射击等优点，目前该枪依然装备于至少75个国家。

FN MAG通用机枪机匣为长方形冲铆件，前后两端有所加强，分别容纳枪管节套活塞筒和枪托缓冲器。机匣内侧有纵向导轨，用以支撑和导引枪机和机框往复运动。闭锁支承面位于机匣底部，当闭锁完成时，闭锁杆抵在闭锁支承面上。机匣右侧有机柄导槽，抛壳口在机匣底部。机匣和枪管节套用隔断螺纹连接，枪管可以迅速更换。枪管正下方有导气孔，火药气体经由导气孔进入气体调节器。

制造商：FN公司

服役时间：1959年至今

枪机种类：开放式枪机

供弹方式：弹链供弹

基本参数	
口径	7.62毫米
全长	1263毫米
空重	11.79千克
有效射程	600米
枪口初速	825~840米/秒

比利时FN Minimi轻机枪

FN Minimi轻机枪是FN公司在20世纪70年代研发的，主要装备于步兵、伞兵和海军陆战队。

FN Minimi轻机枪采用开膛待击的方式，增强了枪膛的散热性能，有效防止枪弹自燃。导气箍上有一个旋转式气体调节器，并有三个位置可调：一个为正常使用，可以限制射速，以免弹药消耗量过大；另一个位置为在复杂气象条件下使用，通过加大导气管内的气流量，减少故障率，但射速会增高；最后一个是发射枪榴弹时用。

制造商：FN公司

服役时间：1980年至今

枪机种类：气动式、开放式枪机

供弹方式：100/150/200发M27弹链

基本参数	
口径	5.56毫米
全长	1038毫米
空重	7.1千克
有效射程	1000米
枪口初速	925米/秒

小 知 识

FN Minimi轻机枪共有3种类型，即标准型、伞兵型和车载型，其中车载型装在步兵战车射击孔的球形架上向外射击。

比利时FN BRG15重机枪

FN BRG15重机枪是FN公司于1980年早期为了作为勃朗宁M2HB 0.50英寸口径重机枪的潜在取代武器而研制的。该枪发射专用的15×115毫米口径枪弹，不仅枪口动能极高，穿甲能力也非常强。

FN BRG15重机枪使用机械瞄准具，前方有柱形准星，无护罩，装在机匣前部；后方有缺口式照门，可调高低和风偏。机匣用冲压钢制成，内部装有缓冲器，因此该枪能够装在多种支架上射击。该枪最突出的特点是可以左、右弹链供弹，枪上有一个选择杆可使射手选择供弹方向。除此之外，该枪的保险机构有着多种作用：一方面，当弹链取出时，将不能射击；另一方面，假如活动件没后坐到位，枪机框后边的卡笋将限制射击；最后，枪机未完全闭锁时，击针是锁定的。

制造商：FN公司

服役时间：1980年至今

枪机种类：气动式

供弹方式：可散式弹链

基本参数	
口径	15毫米
全长	2150毫米
空重	60千克
有效射程	2000米
枪口初速	1055米/秒

法国M1909轻机枪

M1909轻机枪的设计师是劳伦斯·V.贝尼特和亨利·梅尔西，该枪在一战时期是法国陆军的主要机枪之一。

美中不足的是，M1909轻机枪有一个致命的缺点是枪弹外露，在到处都是沙尘和泥土的战壕里，笨拙的弹板式换弹方式非常容易引起供弹不良的现象。一战结束后，很多国家都把M1909轻机枪从一线部队中撤装，用新型机枪取而代之，当然法国也不例外。

制造商：哈奇开斯公司

服役时间：1909～1945年

枪机种类：气动式

供弹方式：30发条型弹匣

基本参数	
口径	7.62毫米
全长	1230毫米
空重	12千克
有效射程	3800米
枪口初速	850米/秒

法国FM24轻机枪

1924年，法国军队为了取代旧式的Chauchat轻机枪，研发了FM24轻机枪。由于该枪具有良好的可靠性，很快就在法国军队里普及装备。但是，该枪也存在着一些缺陷：第一，该枪在战斗状态下不能很快地更换枪管；第二，位于机匣上方的弹匣在射击时会阻挡射手的视线。

FM24轻机枪采用导气式工作原理，枪机偏移式闭锁机构，击锤式击发机构。该枪的特别之处在于它有两个扳机：扣动前面的扳机是单发发射，扣动后面的则是连发发射。该枪采用可以避免虚光的机械瞄具，片状表尺。该枪初期使用7.5×57毫米口径弹药，1929年的版本改为使用7.5×54毫米口径弹药。

制造商：夏特卢国营兵工厂

服役时间：1925～1979年

枪机种类：导气式

供弹方式：25发弹匣

基本参数	
口径	7.5毫米
全长	1080毫米
空重	9.75千克
有效射程	500米
枪口初速	830米/秒

法国AAT-52通用机枪

AAT-52通用机枪有着重心靠后、操作性能差和枪管质量不佳等缺点，但是结构简单、生产方便等优点使其依旧能在军队中占有一席之地。

AAT-52通用机枪其内部的反冲式操作系统以杠杆作为基础，此系统主要分为两部分——闭锁杠杆和闭锁槽。发射子弹时，在高压气体的压力推动下，闭锁杠杆会自动卡入机匣内部的闭锁槽内，使得枪机主体快速向后后坐。闭锁杠杆经过旋转后，与机匣的闭锁槽自动解脱。再经过一定的时间后，击针会拉动枪机机头，然后自动抽弹壳、压缩复进簧，把弹壳排出、从弹链中抽出下一发子弹并送入膛室。

制造商：圣-艾蒂安兵工厂

服役时间：1952年至今

枪机种类：杠杆延迟气体反冲式

供弹方式：200发弹链

基本参数	
口径	7.5毫米
全长	1080毫米
空重	10.6千克
有效射程	1200米
枪口初速	840米/秒

小 知 识

AAT-52通用机枪也常被称为AA-52通用机枪，虽然目前该机枪还在法军服役，但用于直升机上的机载武器已被FN MAG通用机枪取代。

新加坡Ultimax 100轻机枪

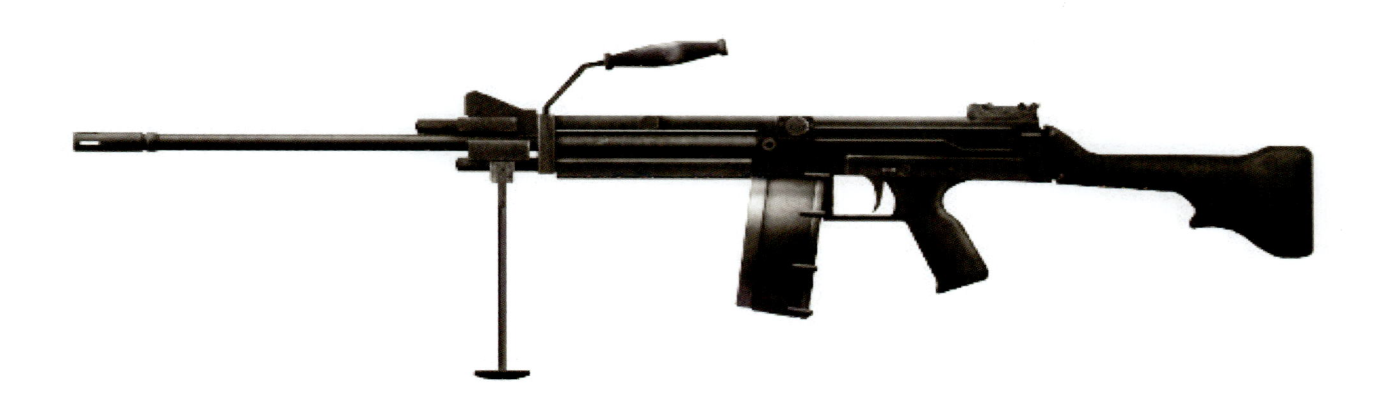

Ultimax 100轻机枪由新加坡特许工业公司研发生产，其特点是重量轻、命中率高。该枪可选择射击模式包括保险及全自动，部分型号更具有保险、单发、三连发及全自动。该枪除了被新加坡军队采用外，也出口到其他国家。

Ultimax 100轻机枪采用旋转式枪机闭锁系统，枪机前端附有微型闭锁凸耳，只要产生些许旋转角度便可与枪管完成闭锁。该枪最特别之处是它采用恒定后坐机匣运作原理，枪机后坐行程大幅度加长，令射速和后坐力比其他轻机枪低，但射击精准度要高。

制造商：新加坡特许工业公司

服役时间：1985年至今

枪机种类：气动式、转栓式枪机

供弹方式：30发弹匣或100发弹鼓

基本参数	
口径	5.56毫米
全长	1024毫米
空重	4.9千克
有效射程	460米
枪口初速	970米/秒

小 知 识

Ultimax 100轻机枪的空重极轻，枪支本身空重不过4.9千克，和旧式突击步枪相当，即使装上塑胶制的100发专用弹鼓并装满子弹，总重也不过约6.8千克。

新加坡CIS 50MG重机枪

CIS 50MG重机枪是20世纪80年代后期，由新加坡特许工业公司自主研发和生产的气动式操作、弹链供弹式重机枪。

CIS 50MG重机枪装有一根可以快速拆卸的枪管，配备一个与枪管整合了的提把，就算不戴隔热石棉手套也能够在作战或是实战演习时，快速方便地更换过热或损毁的枪管。该枪的双向弹链供弹系统能够让机枪快速、容易转换发射的枪弹，例如发射标准圆头实心弹时，可以改为发射另一边的Raufoss MK 211高爆燃烧穿甲弹。

制造商：新加坡特许工业公司

服役时间：1991年至今

枪机种类：长行程活塞气动式

供弹方式：M15A2可散式弹链

基本参数	
口径	12.7毫米
全长	1778毫米
空重	9千克
有效射程	1500米
枪口初速	890米/秒

南非SS-77通用机枪

SS-77通用机枪是在PKM通用机枪的基础上改进而来的，于1986年装备南非国防军。即使该枪的知名度不如同时代的其他机枪，但大部分轻武器专家认为它是最好的通用机枪之一。

在SS-77通用机枪的右侧，装填拉柄和活动机件是分开的，其上裹有尼龙衬套。枪管结构和比利时的MAG机枪十分相似，气体调节器安装在导气箍上，另外，枪管后半部外部有纵槽，不仅能够减轻枪管重量，还可增加枪管的散热面积。维克多武器公司还为该机枪配备了一款有着捷克斯洛伐克风格的三脚架，将SS-77通用机枪安装在三脚架上便可作为重机枪使用。

制造商：维克多武器公司

服役时间：1978年

枪机种类：开放式枪机

供弹方式：M13可散式弹链

基本参数	
口径	7.62毫米
全长	1155毫米
空重	9.6千克
有效射程	1800米
枪口初速	840米/秒

韩国大宇K3轻机枪

K3轻机枪是由韩国大宇集团研发生产的，是韩国继K1A卡宾枪和K2突击步枪之后开发的第三种国产枪械，设计理念借鉴了FN Minimi轻机枪。该枪最大的优点在于它比M60通用机枪更轻，而且能够与K1A和K2共用子弹。供弹方式来自30发可拆卸式北约标准弹匣或 200发M27金属可散式弹链。它既能够展开其两脚架用作班用自动武器角色，又可装在三脚架上用作据点防卫或持续的火力支援。

K3轻机枪只能进行连发发射，因此发射机构非常简单，由扳机、阻铁和横闩式保险组成。与FN Minimi轻机枪一样，K3轻机枪扳机底端开有一个圆孔，该圆孔上可以加装冬季用扳机，以方便冬天戴手套时扣动扳机。

制造商：大宇集团

服役时间：1991年至今

枪机种类：转栓式枪机

供弹方式：200发M27可散式弹链

基本参数	
口径	5.56毫米
全长	1030毫米
空重	6.85千克
有效射程	600～800米
枪口初速	960米/秒

以色列Negev轻机枪

Negev轻机枪是以色列国防军的制式多用途轻机枪，装备的部队包括所有的正规部队和特种部队。Negev轻机枪使用的枪托可折叠存放或展开，这种灵活性已经让该枪被用于多种角色，例如传统的军事应用或在近距离战斗使用中。

Negev是一把可靠及准确的轻机枪，有着轻型、紧凑及适合沙漠作战的优势，更可通过改变部件或设定来执行特别行动而不会减低火力及准确度。后期型Negev轻机枪配有独立前握把及可拆式激光瞄准器，也能够装上短枪管，枪托折叠时不会阻碍弹盒，设计紧凑。更可选择射速每分钟650～850发或每分钟750～1000发。

制造商：IMI

服役时间：1997年至今

枪机种类：气动、转栓式枪机

供弹方式：150发M27弹链

基本参数	
口径	5.56毫米
全长	1020毫米
空重	7.5千克
有效射程	1000米
枪口初速	950米/秒

小 知 识

Negev轻机枪除了作为单兵携行的轻机枪之外，还能够用于车辆、飞机和船舶上。

瑞士富雷尔M25轻机枪

富雷尔M25轻机枪是二战期间瑞士军队的制式武器，号称“保卫阿尔卑斯山的秘密武器”。该枪以高射击精准度著称，即使在今天，它射击精准度的结构设计依旧值得设计者借鉴。

富雷尔M25轻机枪采用枪管短后坐式自动方式，并非像当时的很多机枪那样采用导气式自动方式，因此降低了机件间的猛烈碰撞，使得抵肩射击变得容易控制，从而提高了射击精度。在单发射击时，富雷尔M25轻机枪的射击精准度相当于狙击步枪。

制造商：伯尔尼兵工厂

服役时间：1928年

枪机种类：后坐式

供弹方式：30发盒式弹匣

基本参数	
口径	7.5毫米
全长	1163毫米
空重	8.65千克
有效射程	800米
枪口初速	950米/秒

小 知 识

即使富雷尔M25轻机枪早已被换装，但瑞士不会忘记这个在瑞士历史上立下了汗马功劳的功臣。此外，由于生产数量有限及独特的肘节式闭锁机构，富雷尔M25轻机枪已经成为武器收藏家极力追捧的对象。

参考文献

[1] 《兵典丛书》编写组. 枪械——经典名枪的战事传奇[M]. 哈尔滨：哈尔滨出版社，2011.

[2] 福特. 冲锋枪和机枪[M]. 北京：中国市场出版社，2012.

[3] 崔钟雷. 视觉大发现·火力之王——机枪 [M]. 长春：吉林美术出版社，2012.

[4] 军情视点. 袖里藏针：全球手枪 100 [M]. 北京：化学工业出版社，2015